国家职业技能鉴定考试指导

燃气具安装维修工

（高级）

主　编　要建国

中国劳动社会保障出版社

图书在版编目(CIP)数据

燃气具安装维修工:高级/人力资源和社会保障部教材办公室组织编写. —北京:中国劳动社会保障出版社,2016

国家职业技能鉴定考试指导

ISBN 978-7-5167-2843-7

Ⅰ.①燃… Ⅱ.①人… Ⅲ.①燃气炉灶-灶具-安装-职业技能-鉴定-自学参考资料②燃气炉灶-灶具-维修-职业技能-鉴定-自学参考资料③燃气热水器-安装-职业技能-鉴定-自学参考资料④燃气热水器-维修-职业技能-鉴定-自学参考资料 Ⅳ.①TS914.232②TS914.252

中国版本图书馆 CIP 数据核字(2016)第 291304 号

中国劳动社会保障出版社出版发行

(北京市惠新东街 1 号 邮政编码:100029)

*

三河市华骏印务包装有限公司印刷装订 新华书店经销

787 毫米×1092 毫米 16 开本 12 印张 234 千字
2016 年 12 月第 1 版 2016 年 12 月第 1 次印刷

定价:29.00 元

读者服务部电话:(010)64929211/64921644/84626437

营销部电话:(010)64961894

出版社网址:http://www.class.com.cn

版权专有 侵权必究

如有印装差错,请与本社联系调换:(010)50948191

我社将与版权执法机关配合,大力打击盗印、销售和使用盗版图书活动,敬请广大读者协助举报,经查实将给予举报者奖励。

举报电话:(010)64954652

编写说明

《国家职业技能鉴定考试指导》（以下简称《考试指导》）是《国家职业资格培训教程》（以下简称《教程》）的配套辅助教材，每本《教程》对应配套编写一册《考试指导》。《考试指导》共包括三部分：

第一部分：理论知识鉴定指导。此部分按照《教程》章的顺序，对照《教程》各章内容编写。每章包括四项内容：考核要点、重点复习提示、辅导练习题、参考答案及说明。

——考核要点是依据国家职业标准、结合《教程》内容归纳出的考核要点，以表格形式叙述。

——重点复习提示为《教程》各章内容的重点提炼，使读者在全面了解《教程》内容基础上重点掌握核心内容，达到更好地把握考核要点的目的。

——辅导练习题题型采用三种客观性命题方式，即判断题、单项选择题和多项选择题，题目内容、题目数量严格依据理论知识考核要点，并结合《教程》内容设置。

——参考答案及说明中，除答案外对题目还配有简要说明，重点解读出题思路、答题要点等易出错的地方，目的是完成解题的同时使读者能够对学过的内容重新进行梳理。

第二部分：操作技能鉴定指导。此部分内容包括两项内容：考核要点、辅导练习题。

——考核要点是依据国家职业技能标准、结合《教程》内容归纳出的该职业在该级别总体操作技能考核要点，以表格形式叙述。

——辅导练习题题型按职业实际情况安排了实际操作题，并给出了答案。

第三部分：模拟试卷。此部分包括该级别理论知识考试模拟试卷、操作技能考核模拟试卷若干套，并附有参考答案。理论知识考试模拟试卷体现了本职业该级别大部分理论知识考核要点的内容，操作技能考核模拟试卷完全涵盖了操作技能考核范围，体现了专业能力考核要点的内容。

本职业《考试指导》共包括5本，即基础知识、初级、中级、高级、技师。本书是其中的一本，适用于对高级燃气具安装维修工的职业技能培训和鉴定考核。

本书在编写过程中得到了山东城市建设职业学院党委书记、博士教授花景新，北京燃气集团燃气学院燃气专业技师、内训师王建辉及中国土木工程学会燃气分会应用及供暖专业委员会、全国燃气行业工会联委会、中国城市燃气协会、北京市燃气集团有限责任公司等单位的大力支持与协助，在此一并表示衷心的感谢。

编写《鉴定指导》有相当的难度，是一项探索性工作。由于时间仓促，缺乏经验，不足之处在所难免，恳切欢迎各使用单位和个人提出宝贵意见和建议。

目 录

第1部分 高级理论知识鉴定指导

第1章 管路安装技术准备与试验 …………………………………… (1)
考核要点 …………………………………………………………… (1)
重点复习提示 ……………………………………………………… (2)
辅导练习题 ………………………………………………………… (7)
参考答案及说明 …………………………………………………… (14)

第2章 燃气灶具的维修 …………………………………………… (17)
考核要点 …………………………………………………………… (17)
重点复习提示 ……………………………………………………… (17)
辅导练习题 ………………………………………………………… (35)
参考答案及说明 …………………………………………………… (45)

第3章 燃气热水器的检修 ………………………………………… (47)
考核要点 …………………………………………………………… (47)
重点复习提示 ……………………………………………………… (48)
辅导练习题 ………………………………………………………… (67)
参考答案及说明 …………………………………………………… (84)

第4章 培训 ………………………………………………………… (89)
考核要点 …………………………………………………………… (89)
重点复习提示 ……………………………………………………… (89)
辅导练习题 ………………………………………………………… (105)
参考答案及说明 …………………………………………………… (114)

第 2 部分　高级操作技能鉴定指导

第 1 章　管路安装技术准备与试验 ………………………………………… (117)
　　考核要点 ………………………………………………………………… (117)
　　辅导练习题 ……………………………………………………………… (117)
第 2 章　燃气灶具的维修 ……………………………………………………… (127)
　　考核要点 ………………………………………………………………… (127)
　　辅导练习题 ……………………………………………………………… (127)
第 3 章　燃气热水器的检修 …………………………………………………… (138)
　　考核要点 ………………………………………………………………… (138)
　　辅导练习题 ……………………………………………………………… (139)

第 3 部分　模 拟 试 卷

高级燃气具安装维修工理论知识考试模拟试卷 ……………………………… (157)
高级燃气具安装维修工理论知识考试模拟试卷参考答案及说明 …………… (167)
高级燃气具安装维修工操作技能考核模拟试卷 ……………………………… (172)

第1部分 高级理论知识鉴定指导

第1章 管路安装技术准备与试验

考 核 要 点

理论知识考核范围	考核要点	重要程度
现场测绘	1. CJJ 94—2009 4、5、6 章相关规定	★★
	2. 管道安装放线的准备工作及主要内容	★★★
	3. 构造长度的概念	★★★
	4. 各管段的尺寸测量及构造长度的确定方法	★★★
	5. 管道安装图绘制方法	★★★
	6. 管道安装图的具体画法	★★★
	7. 管段安装长度、管段下料长度的概念及管段下料长度的计算	★★★
	8. 管件留量（俗称"刨中"）的含义及管件留量查表确定方法	★★★
管道的强度和严密性试验	1. CJJ 94—2009 8.2 相关规定	★★
	2. 室内燃气管道强度试验方法	★★★
	3. CJJ 94—2009 8.3 相关规定	★★
	4. 室内燃气管道严密性试验方法	★★★
	5. 管道系统压力试验记录表的主要内容	★★

注：重要程度中，"★"为级别最低，"★★★"为级别最高。

重点复习提示

一、CJJ 94—2009 4、5、6 章相关规定（摘要）

第 4 章 室内燃气管道安装及检验主要规定了燃气管道安装使用的管道组成件的选择、制作及管道的焊接，法兰连接，螺纹连接，管道敷设，防腐涂漆等技术要求。又增加了铝塑复合管的连接，燃气管道的防雷接地，敷设在管道竖井内的燃气管道的安装，沿外墙敷设的燃气管道的安装，以及有关室内燃气管道检验等新内容。

第 5 章 燃气计量表安装及检验列出了燃气计量表安装的具体要求：采用专用连接件安装燃气表，是考虑便于安装、维修，保证自然通风的通畅是为了燃气表防潮和安全用气。本章还规定了燃气计量表与燃具、电气设备的最小净距，燃气计量表安装的允许偏差和检验方法等技术要求。

第 6 章 家用、商业用及工业企业用燃具和用气设备的安装及检验，指出了家用燃具的安装应符合现行行业标准《家用燃气燃烧器具安装及验收规程》CJJ 12 的规定；商业用气设备的安装场所应符合现行国家标准《城镇燃气设计规范》GB 50028 的有关规定；通风不良场所（如地下室、半地下室）强制性要求严格按设计文件施工；从安全卫生、便于操作角度出发，提出了商业用气设备的安装要求，其中爆破门的安装、燃烧器的安装等项要求可避免重大事故发生和保证燃烧稳定高效。

二、管道安装放线的准备工作及主要内容

施工前应熟悉施工图样和有关技术资料，了解燃气管道的安装工艺和使用要求，弄清设计意图，从而明确安装的质量标准和操作规程等要求。

完成技术准备工作后，施工人员即可进入施工现场进行勘察，要对设备配置、配件尺寸仔细核对，发现问题及时提请设计或有关部门进行变更，不要擅自修改设计。

根据施工图和安装规则的要求，把管道、管件和设备的准确位置标记在建筑物上。

三、构造长度的概念

构造长度是指管道系统中两相邻零件或零件与设备中心间的距离，按放线线路依次测量每条管段的构造长度，并将测得的尺寸记录在安装草图上。

四、各管段的尺寸测量及构造长度的确定方法

管道安装工程的尺寸测量就是通常讲的量尺寸。通过量尺寸可以检查管道图样上的设计

标高和尺寸是否与施工现场相符，预埋件及预留孔的位置尺寸是否正确等。

测量时，要按放线线路依次对每条管段进行尺寸测量，管道测量的方法很多，其基本原理都是利用三角形的边角关系和空间直角坐标来确定管道的位置、尺寸和方向。

管线测量常用的工具有钢卷尺、钢直尺、线锤、细蜡线、水平仪等。

在测量过程中，首先应根据图样要求定出立干管各转弯点的位置。在水平管段先测出一端的标高，并根据管段的长度和坡度，定出另一端标高。两点的标高确定后，就可以定出管道中心线的位置。再在干管上定出分支处的位置，标出分支管的中心线。然后定出管路上各个管件、阀门、支架的位置，测量两相邻零件或零件与设备的中心距，测出的中心距就是构造长度，将其标记在安装草图上。

五、管道安装图绘制方法

室内燃气管道安装图是管段下料的依据，该图反映管段的数量、形状和长度。安装图一般绘制成系统图（轴测图）的形式。

管道安装图的绘制随着现场测绘工作的展开就已经开始了，在管道放线的同时按照管道走向绘制出了标有管段号、管径等的安装草图；在测量尺寸的同时，将每一管段的构造长度，对照管段编号，相应填注在安装草图上；局部尺寸在安装草图上表达不清楚时，画局部大样并标注尺寸；最后将草图整理绘制成一定比例的安装图。

绘制安装图时，要备好制图工具和制图用品。制图工具主要有图板、丁字尺、三角板、圆规、曲线板、比例尺等。制图用品主要有图纸、绘图铅笔、橡皮和擦图片等。

使用计算机绘制管道安装图可使绘图工作变得既方便又快捷，如果有电子版的施工图，只要将其中的系统图稍加修改补充，就可完成管道安装图的绘制。

六、管道安装图的具体画法

1. 对安装草图及其他原始测量记录进行分析整理，然后按一定比例画正式的安装图。图中的燃气管道一般用粗实线绘制，画图时，先画出燃气立管，定出地面、楼面；然后画引入管，再从立管上引出横管及竖支管并在竖支管上画出阀门、活接头及灶具、热水器等燃气设备的简单外形，图中也可不画出燃气设备，只画出连接燃气设备的管接口。

2. 擦去不必要的线条，加深轮廓线。

3. 标注尺寸。包括标注系统编号、管段编号、管径、各部标高、坡度等。

4. 完成轴测图。

七、管段安装长度、管段下料长度的概念及管段下料长度的计算

1. 管段安装长度

管路中的管子、管件、阀门、仪器元件等的有效长度称为安装长度。管段中管子在轴线方向上的有效长度称为管段安装长度。

2. 管段下料长度

通常把两管件（或阀门）中心线之间的长度称为构造长度，管段中两管件或与设备口间装配的管子的实际长度称为下料长度。计算下料长度是为了确定管段的预加工长度，为以后的划线切割提供准确的尺寸依据。

3. 管段下料长度的计算公式

管段的下料长度可按下式进行计算：

$$L_下 = L_构 - 2a$$

式中 $L_下$——管段的下料长度；

$L_构$——管段的构造长度；

a——管件留量，由管子螺纹的拧入长度和管件长度所决定。拧入长度即管段拧入管件（或零件）内螺纹部分的长度；管件长度即管件自身的长度。

下料长度等于构造长度减去2倍的管件留量，或管段的下料长度等于其安装长度加上拧入管件（或零件）内螺纹部分的长度。

八、管件留量（俗称"刨中"）的含义及管件留量查表确定方法

在施工图和预制加工图中，所标注的尺寸皆为构造尺寸，它包括管件自身所占位置。故下料时要刨去管件所占位置，这就是管件留量（俗称"刨中"）。不同材质、不同类型管件的结构尺寸和管件留量尺寸，可对照相应的留量尺寸表确定管件留量。

九、CJJ 94—2009 8.2 相关规定

8.2 强度试验

8.2.1 室内燃气管道强度试验的范围应符合下列规定：

1. 明管敷设时，居民用户应为引入管阀门至燃气计量装置前阀门之间的管道系统；暗埋或暗封敷设时，居民用户应为引入管阀门至燃具接入管阀门（含阀门）之间的管道；

2. 商业用户及工业企业用户应为引入管阀门至燃具接入管阀门（含阀门）之间的管道（含暗埋或暗封的燃气管道）。

8.2.2 待进行强度试验的燃气管道系统与不参与试验的系统、设备、仪表等应隔断,并应有明显的标志或记录,强度试验前安全泄放装置应已拆下或隔断。

8.2.3 进行强度试验前,管内应吹扫干净,吹扫介质宜采用空气或氮气,不得使用可燃气体。

8.2.4 强度试验压力应为设计压力的 1.5 倍且不得低于 0.1 MPa。

1. 设计压力小于 10 kPa 时,试验压力为 0.1 MPa;
2. 设计压力大于或等于 10 kPa 时,试验压力为设计压力的 1.5 倍,且不得小于 0.1 MPa。

8.2.5 强度试验应符合下列规定:

1. 在低压燃气管道系统达到试验压力时,稳压不少于 0.5 h 后,应用发泡剂检查所有接头,无渗漏、压力计量装置无压力降为合格
2. 在中压燃气管道系统达到试验压力时,稳压不少于 0.5 h 后,应用发泡剂检查所有接头,无渗漏、压力计量装置无压力降为合格;或稳压不少于 1 h,观察压力计量装置,无压力降为合格
3. 当中压以上燃气管道系统进行强度试验时,应在达到试验压力的 50% 时停止不少于 15 min,用发泡剂检查所有接头,无渗漏后方可继续缓慢升压至试验压力并稳压不少于 1 h 后压力计量装置无压力降为合格。

十、室内燃气管道强度试验方法

根据管道施工图的设计压力,确定试验压力,一般不小于 0.1 MPa,编制试验方案。根据 CJJ 94—2009 8.1 的规定,试验范围内的管道,除涂漆和隔热层外,已按施工图全部完成。安装质量经外观和焊缝无损检验合格;按试验要求对管道进一步加固,将不参与的管道和参与的管道隔断,在待试验的管道上连接空气压缩机和试验装置等。启动空气压缩机,打开阀门升压,达到试验压力后稳压,并在管道各接口刷肥皂水,在有气泡出现的地方画记号,放气修补,然后复试,用刷肥皂水的方法试漏,直至试验合格。

十一、CJJ 94—2009 8.3 相关规定

8.3 严密性试验

8.3.1 严密性试验范围应为引入管阀门至燃具前阀门之间的管道。通气之前还应对燃具前阀门至燃具之间的管道进行检查。

8.3.2 室内燃气系统的严密性试验应在强度试验之后进行。

8.3.3 严密性试验应符合下列要求：

1. 低压管道系统

试验压力应为设计压力且不得低于 5 kPa。在试验压力下，居民用户应稳压不少于 15 min，商业和工业企业用户应稳压不少于 30 min，并用发泡剂检查全部连接点，无渗漏、压力计量装置无压力降为合格。

当试验系统中有不锈钢波纹软管、覆塑铜管、铝塑复合管、耐油胶管时，在试验压力下的稳压时间不宜小于 1 h，除对各密封点检查外，还应对外包覆层端面是否有渗漏现象进行检查。

2. 中压及以上压力管道系统

试验压力应为设计压力且不得低于 0.1 MPa。在试验压力下稳压不得小于 2 h，用发泡剂检查全部连接点，无渗漏、压力计量装置无压力降为合格。

8.3.4 低压燃气管道严密性试验的压力计量装置应采用 U 形压力计。

十二、室内燃气管道严密性试验方法

严密性试验一般紧接着强度试验进行，即当强度试验合格后，放掉试验管段中的部分空气，使管内空气压力降至严密性试验压力，即可进行严密性试验。

确定试验范围和试验压力。

1. 试验范围

（1）从引入管阀门（进气总阀门）至燃具前阀门之间的管道。

（2）通气之前还应对燃具前阀门至燃具之间的管道进行检查。

2. 试验压力

（1）低压燃气管道试验压力应为设计压力，且不得低于 5 kPa。

（2）中压及以上燃气管道试验压力为设计压力，且不得低于 0.1 MPa。

3. 试验装置

中压燃气管道严密性试验采用弹簧管压力表测压，低压燃气管道可采用最小刻度为 1 mm 的 U 形压力计测量。

十三、管道系统压力试验记录表的主要内容

压力试验记录是工程验收的重要文件之一，必须认真准确填写管道系统压力试验记录表（见表 1—1）。

表1—1　　　　　　　　　　　管道系统压力试验记录表

项目：									
编号	材质	设计参数		强度试验			严密性试验		
		压力（MPa）	介质	压力（MPa）	介质	鉴定	压力（MPa）	介质	鉴定

工号：

建设单位：　　　　　　　　　监理人：　　　　　　　　　施工单位：
　　　　　　　　　　　　　　　　　　　　　　　　　　　检验员：
　　　　　　　　　　　　　　　　　　　　　　　　　　　试验人员：

　　年　月　日　　　　　　　　年　月　日　　　　　　　　年　月　日

辅导练习题

一、判断题（下列判断正确的请在括号中打"√"，错误的请在括号中打"×"）

1. CJJ 94—2009 第 4 章主要规定了室内燃气管道安装及检验技术要求。（　　）
2. CJJ 94—2009 第 5 章主要规定了家用、商业用及工业企业用燃具和用气设备的安装及检验技术要求。（　　）
3. 施工前应熟悉施工图样和有关技术资料，了解燃气管道的安装工艺和使用要求，弄清设计意图，从而明确安装的质量标准和操作规程等要求。（　　）
4. 完成技术准备工作后，施工人员即可进入施工现场进行勘察，要对设备配置、配件尺寸仔细核对，发现问题及时提请设计或有关部门进行变更，允许擅自修改设计。（　　）
5. 构造长度是指管道系统中两相邻零件或零件与设备端面间的距离。（　　）
6. 构造长度仅指管道系统中两相邻管件中心间的距离。（　　）
7. 通过量尺寸可以检查管道图样上的设计标高和尺寸是否与施工现场相符，预埋件及

预留孔的位置尺寸是否正确等。（　　）

8. 首先把管路上各个管件、阀门、支架的位置定出，然后测量两相邻零件或零件与设备的中心距，测出的中心距就是下料长度，将其标记在安装草图上。（　　）

9. 室内燃气管道安装图是管段下料的依据，该图反映管段的数量、形状和长度。（　　）

10. 在管道放线的同时按照管道走向绘制标有管段号、管径等的正式安装图。（　　）

11. 安装图中的燃气管道一般用细实线绘制。（　　）

12. 画图时，先画出燃气引入管，定出地面、楼面；然后画立管，再从立管上引出横管及竖支管并在竖支管上画出阀门、活接头及灶具、热水器等燃气设备的简单外形，图中也可不画出燃气设备，只画出连接燃气设备的管接口。（　　）

13. 管路中的管子、管件、阀门、仪器元件等的有效长度，称为安装长度。管段中管子在轴线方向上的有效长度，称为管段安装长度。（　　）

14. 计算下料长度是为了确定管段的预加工长度，为以后的划线切割提供准确的尺寸依据。（　　）

15. 在施工图和预制加工图中，所标注的尺寸皆指管道中心至中心的尺寸（构造尺寸）。它包括管件自身所占位置。（　　）

16. 计算下料尺寸时，要刨去管件（或阀门等）所占位置，这就是管件留量，俗称"刨中"。（　　）

17. 进行强度试验前，管内应吹扫干净，吹扫介质宜采用空气或氮气，也可使用可燃气体。（　　）

18. 强度试验压力应为设计压力的 1.5 倍且不得低于 0.5 MPa。（　　）

19. 根据管道施工图的设计压力确定试验压力，一般不小于 0.1 MPa，编制试验方案。（　　）

20. 打开阀门升压，并对燃气管道进行观察，当达到试验压力后，稳压不少于 5 h，然后刷肥皂水检漏。（　　）

21. 室内燃气系统的严密性试验应在强度试验之前进行。（　　）

22. 低压燃气管道严密性试验的压力计量装置应采用弹簧管式压力表。（　　）

23. 严密性试验的范围是：从引入管阀门（进气总阀门）至燃气表之间的管道。（　　）

24. 低压燃气管道严密性试验压力应为设计压力的 1.5 倍且不得低于 5 kPa。（　　）

25. 记录表填写内容主要有：工程项目的名称、工号、被测燃气管段编号、管子的材质、管路设计压力参数、强度试验压力参数、严密性试验压力参数及主管部门、建设单位、

施工单位签字栏等。（ ）

26. 填写管道系统压力试验记录表一定要严肃认真，不可弄虚作假。（ ）

二、单项选择题（下列每题有4个选项，其中只有1个是正确的，请将其代号填写在横线空白处）

1. 安装在橱柜中的燃气表，保证自然通风是为了燃气表防潮和_____。
   A. 燃烧充分   B. 便于查表   C. 便于安装   D. 安全用气

2. 商业用气设备的安装要求，其中燃烧器的安装、_____的安装等要求可避免重大事故发生和保证燃烧稳定高效。
   A. 管路   B. 爆破门   C. 燃气表   D. 燃气阀

3. 施工前熟悉施工图样和有关技术资料，主要是为了了解_____。
   A. 燃气工程造价   B. 管道的材质
   C. 燃气管道的安装工艺   D. 用气设备的质量

4. 根据施工图和燃气管道安装规则的要求，把管道、管件和_____的准确位置标记在建筑物上。
   A. 燃气设备   B. 电气设备   C. 电源开关   D. 烟道

5. 管道系统中，_____中心间的距离不是构造长度。
   A. 管件与阀门   B. 管件与管件   C. 管件与设备   D. 管件与墙壁

6. 下列说法正确的是_____。
   A. 构造长度是指管道系统中两相邻零件或零件与设备中心间的距离
   B. 下料长度等于构造长度
   C. 安装长度等于构造长度
   D. 下料长度大于构造长度

7. 管线测量常用的工具有_____、钢直尺、线锤、细蜡线、水平仪等。
   A. 千分尺   B. 钢卷尺   C. 深度尺   D. 角度尺

8. 通过量尺寸可以检查管道图样上的_____和尺寸是否与施工现场相符，预埋件及预留孔的位置尺寸是否正确等。
   A. 管道直径   B. 管道材质   C. 设计标高   D. 管道长度

9. 室内燃气管道安装图是管段下料的依据，该图反映管段的数量、形状和_____。
   A. 位置   B. 质量   C. 长度   D. 管壁厚

10. 安装图一般绘制成_____的形式。
    A. 平面图   B. 轴测图   C. 立面图   D. 双线图

11. 燃气管道一般用_____绘制。

A. 细实线　　　　B. 粗虚线　　　　C. 中实线　　　　D. 粗实线

12. 燃气管道尺寸标注包括标注系统编号、管段编号、管径、_____、坡度等。
    A. 各部标高　　　B. 设备外形　　　C. 管道间距　　　D. 设备尺寸

13. 管段中管子在轴线方向上的_____，称为管段安装长度。
    A. 拧入长度　　　B. 有效长度　　　C. 下料长度　　　D. 构造长度

14. 假设两管件的管件留量相等，则下料长度等于构造长度减去_____的管件留量。
    A. 4倍　　　　　B. 3倍　　　　　C. 2倍　　　　　D. 1倍

15. 管段下料长度等于构造长度减去管件_____。
    A. 有效长度　　　　　　　　　　　B. 中心与端面距离
    C. 螺纹长度　　　　　　　　　　　D. 自身所占长度

16. _____、不同类型管件的留量尺寸有所不同。
    A. 不同质量　　　B. 不同长度　　　C. 不同材质　　　D. 不同厂家

17. 室内燃气管道压力试验介质宜为_____。
    A. 空气　　　　　B. 燃气　　　　　C. 氧气　　　　　D. 水

18. 强度试验压力应为设计压力的_____且不得低于0.1 MPa。
    A. 1倍　　　　　B. 1.5倍　　　　C. 2倍　　　　　D. 2.5倍

19. 根据CJJ 94—2009 8.1的规定，试验范围内的管道，除涂漆和_____外，已按施工图全部完成。
    A. 焊接　　　　　B. 螺纹连接　　　C. 法兰连接　　　D. 保温层

20. 强度压力试验装置一般采用_____测定压力。
    A. 燃气表　　　　　　　　　　　　B. 弹簧管式压力计
    C. U形压力计　　　　　　　　　　D. 微压计

21. 室内燃气管道严密性试验范围应为_____的管道。
    A. 引入管阀门至燃具前阀门之间
    B. 引入管阀门之前
    C. 引入管阀门至燃气表前阀门之间
    D. 燃气表后阀门至燃具前阀门之间

22. 低压燃气管道严密性试验的压力计量装置应采用_____。
    A. 燃气表　　　　　　　　　　　　B. 弹簧管式压力计
    C. U形压力计　　　　　　　　　　D. 微压计

23. 低压管道系统严密性试验压力应为设计压力且不得低于_____kPa。
    A. 2　　　　　　B. 3　　　　　　C. 4　　　　　　D. 5

24. 燃气管道严密性试验介质采用空气或_____，严禁采用氧气。
    A. 水　　　　　　　　　　　　　B. 惰性气体
    C. 可燃气体　　　　　　　　　　D. 空气和可燃气体混合物

25. _____不是燃气系统压力试验记录表中的主要内容。
    A. 设计参数　　B. 燃气质量　　C. 强度试验　　D. 严密性试验

26. _____不是燃气系统压力试验记录签字单位。
    A. 管道供应商　　B. 建设单位　　C. 监理单位　　D. 施工单位

三、多项选择题（下列每题的多个选项中，至少有2个是正确的，请将正确答案的代号填在横线空白处）

1. 安装在橱柜中的燃气表，保证自然通风是为了燃气表_____。
   A. 燃烧充分　　　　　　　　　　B. 便于查表
   C. 便于安装　　　　　　　　　　D. 安全用气
   E. 防潮

2. 商业用气设备的安装要求，其中_____的安装等要求可避免重大事故发生和保证燃烧稳定高效。
   A. 管路　　　　　　　　　　　　B. 爆破门
   C. 燃气表　　　　　　　　　　　D. 燃烧器
   E. 燃气阀

3. 施工前熟悉施工图样和有关技术资料，主要是为了了解燃气管道的_____。
   A. 安装工艺　　　　　　　　　　B. 材质
   C. 使用要求　　　　　　　　　　D. 质量
   E. 质量标准

4. 根据施工图和燃气管道安装规则的要求，把_____的准确位置标记在建筑物上。
   A. 燃气设备　　　　　　　　　　B. 电气设备
   C. 电源开关　　　　　　　　　　D. 管道
   E. 管件

5. 管道系统中，_____中心间的距离不是构造长度。
   A. 管件与地面　　　　　　　　　B. 管件与管件
   C. 管件与设备　　　　　　　　　D. 管件与墙壁
   E. 管件与阀门

6. 下列说法正确的是_____。
   A. 构造长度是指管道系统中两相邻零件中心线间的距离

B. 下料长度等于构造长度

C. 安装长度等于构造长度

D. 下料长度大于构造长度

E. 构造长度是指管道系统中零件与设备中心线间的距离

7. 管线测量常用的工具有_____等。

　　A. 钢直尺　　　　　　　　　　　　B. 钢卷尺

　　C. 深度尺　　　　　　　　　　　　D. 线锤

　　E. 水平仪

8. 通过量尺寸可以检查管道图样上的_____是否与施工现场相符，预埋件及预留孔的位置尺寸是否正确等。

　　A. 管道直径　　　　　　　　　　　B. 管道材质

　　C. 设计标高　　　　　　　　　　　D. 管道长度

　　E. 设计尺寸

9. 室内燃气管道安装图是管段下料的依据，该图反映管段的_____。

　　A. 数量　　　　　　　　　　　　　B. 质量

　　C. 长度　　　　　　　　　　　　　D. 管壁厚

　　E. 形状

10. 安装图一般绘制成_____的形式。

　　A. 平面图　　　　　　　　　　　　B. 轴测图

　　C. 立面图　　　　　　　　　　　　D. 双线图

　　E. 系统图

11. 燃气管道一般不用_____绘制。

　　A. 细实线　　　　　　　　　　　　B. 粗虚线

　　C. 中实线　　　　　　　　　　　　D. 粗实线

　　E. 点画线

12. 燃气管道尺寸标注包括标注_____等。

　　A. 各部标高　　　　　　　　　　　B. 系统编号

　　C. 管段编号　　　　　　　　　　　D. 设备尺寸

　　E. 管径

13. 管路中的_____等的有效长度称为管段安装长度。

　　A. 管子　　　　　　　　　　　　　B. 管件

　　C. 阀门　　　　　　　　　　　　　D. 仪器元件

E. 管卡

14. 管段中两管件或与设备口间装配的管子的实际长度称为_____。
    A. 拧入长度　　　　　　　　　　B. 有效长度
    C. 下料长度　　　　　　　　　　D. 构造长度
    E. 预制加工长度

15. 管段下料长度等于构造长度减去管件_____。
    A. 留量　　　　　　　　　　　　B. 中心与端面距离
    C. 螺纹长度　　　　　　　　　　D. 自身所占长度
    E. 有效长度

16. _____管件的留量尺寸有所不同。
    A. 不同质量　　　　　　　　　　B. 不同长度
    C. 不同材质　　　　　　　　　　D. 不同厂家
    E. 不同类型

17. 室内燃气管道压力试验介质严禁使用_____。
    A. 空气　　　　　　　　　　　　B. 燃气
    C. 氧气　　　　　　　　　　　　D. 水
    E. 惰性气体

18. 室内燃气管道压力试验包括_____。
    A. 强度试验　　　　　　　　　　B. 水压试验
    C. 爆破试验　　　　　　　　　　D. 冲击试验
    E. 严密性试验

19. 根据 CJJ 94—2009 8.1 的规定，试验范围内的管道，除_____外，已按施工图全部完成。
    A. 焊接　　　　　　　　　　　　B. 涂漆
    C. 法兰连接　　　　　　　　　　D. 保温层
    E. 螺纹连接

20. 强度压力试验装置一般不采用_____测定压力。
    A. 燃气表　　　　　　　　　　　B. 弹簧管式压力计
    C. U 形压力计　　　　　　　　　D. 微压计
    E. 压力传感器

21. 室内燃气管道严密性试验范围应为_____的管道。
    A. 引入管阀门至燃具前阀门之间

B. 引入管阀门之前

C. 引入管阀门至燃气表前阀门之间

D. 燃气表后阀门至燃具前阀门之间

E. 通气之前燃具前阀门至燃具之间

22. 低压燃气管道严密性试验的压力计量装置不采用_____。

A. 燃气表　　　　　　　　　　B. 弹簧管式压力计

C. U形压力计　　　　　　　　D. 微压计

E. 压力开关

23. 低压管道系统严密性试验压力应为_____。

A. ≤5 kPa　　　　　　　　　　B. ≥0.5 kPa

C. ≤0.5 kPa　　　　　　　　　D. ≥5 kPa

E. 设计压力

24. 燃气管道严密性试验介质采用_____，严禁采用氧气。

A. 水　　　　　　　　　　　　B. 惰性气体

C. 可燃气体　　　　　　　　　D. 空气和可燃气体混合物

E. 空气

25. _____不是燃气系统压力试验记录表中的主要内容。

A. 设备质量　　　　　　　　　B. 燃气质量

C. 强度试验　　　　　　　　　D. 严密性试验

E. 设计参数

26. _____不是燃气系统压力试验记录签字单位。

A. 管道供应商　　　　　　　　B. 建设单位

C. 监理单位　　　　　　　　　D. 施工单位

E. 设备供应商

参考答案及说明

一、判断题

1. √。CJJ 94—2009 第4章主要规定了室内燃气管道安装及检验技术要求。主要内容包括一般规定、引入管、室内燃气管道等。

2. ×。CJJ 94—2009 第5章主要规定了燃气计量表安装及检验技术要求。

3. √。施工前应熟悉施工图样和有关技术资料，了解燃气管道的安装工艺和使用要求，弄清设计意图，从而明确安装的质量标准和操作规程等要求。

4. ×。完成技术准备工作后，施工人员即可进入施工现场进行勘察，要对设备配置、配件尺寸仔细核对，发现问题及时提请设计或有关部门进行变更，不要擅自修改设计。

5. ×。构造长度是指管道系统中两相邻零件或零件与设备中心间的距离。

6. ×。构造长度不仅指管道系统中两相邻管件中心间的距离，还包括管件与阀门、管件与设备中心间的距离等。

7. √。通过量尺寸可以检查管道图样上的设计标高和尺寸是否与施工现场相符，预埋件及预留孔的位置尺寸是否正确等。

8. ×。首先把管路上各个管件、阀门、支架的位置定出，然后测量两相邻零件或零件与设备的中心距，测出的中心距就是构造长度，将其标记在安装草图上。

9. √。室内燃气管道安装图是管段下料的依据，该图反映管段的数量、形状和长度。

10. ×。在管道放线的同时按照管道走向绘制标有管段号、管径等的安装草图。

11. ×。安装图中的燃气管道一般用粗实线绘制。

12. ×。画图时，先画出燃气立管，定出地面、楼面；然后画引入管，再从立管上引出横管及竖支管并在竖支管上画出阀门、活接头及灶具、热水器等燃气设备的简单外形，图中也可不画出燃气设备，只画出连接燃气设备的管接口。

13. √。管路中的管子、管件、阀门、仪器元件等的有效长度，称为安装长度。管段中管子在轴线方向上的有效长度，称为管段安装长度。

14. √。计算下料长度是为了确定管段的预加工长度，为以后的划线切割提供准确的尺寸依据。

15. √。在施工图和预制加工图中，所标注的尺寸皆指管道中心至中心的尺寸（构造尺寸）。它包括管件自身所占位置。

16. √。计算下料尺寸时，要刨去管件（或阀门等）所占位置，这就是管件留量，俗称"刨中"。

17. ×。进行强度试验前，管内应吹扫干净，吹扫介质宜采用空气或氮气，不得使用可燃气体。

18. ×。强度试验压力应为设计压力的 1.5 倍且不得低于 0.1 MPa。

19. √。根据管道施工图的设计压力，确定试验压力，一般不小于 0.1 MPa，编制试验方案。

20. ×。打开阀门升压，并对燃气管道进行观察，当达到试验压力后，稳压不少于 0.5 h，然后刷肥皂水检漏。

21. ×。室内燃气系统的严密性试验应在强度试验之后进行。

22. ×。低压燃气管道严密性试验的压力计量装置应采用 U 形压力计。

23. ×。严密性试验的范围是：从引入管阀门（进气总阀门）至燃具前阀门之间的管道。通气之前还应对燃具前阀门至燃具之间的管道进行检查。

24. ×。低压燃气管道严密性试验压力应为设计压力且不得低于 5 kPa。

25. √。记录表填写内容主要有：工程项目的名称、工号、被测燃气管段编号、管子的材质、管路设计压力参数、强度试验压力参数、严密性试验压力参数及主管部门、建设单位、施工单位签字栏等。

26. √。填写管道系统压力试验记录表一定要严肃认真，不可弄虚作假。

二、单项选择题

1. D　　2. B　　3. C　　4. A　　5. D　　6. A　　7. B　　8. C　　9. C
10. B　　11. D　　12. A　　13. B　　14. C　　15. D　　16. C　　17. A　　18. B
19. D　　20. B　　21. A　　22. C　　23. D　　24. B　　25. B　　26. A

三、多项选择题

1. DE　　2. BD　　3. AC　　4. ADE　　5. AD　　6. AE
7. ABDE　　8. CE　　9. ACE　　10. BE　　11. ABCE　　12. ABCE
13. ABCD　　14. CE　　15. AD　　16. CE　　17. BCD　　18. AE
19. BD　　20. ACDE　　21. AE　　22. ABDE　　23. DE　　24. BE
25. AB　　26. AE

第2章 燃气灶具的维修

考 核 要 点

理论知识考核范围	考核要点	重要程度
多功能燃气灶具检修	1. 多功能燃气灶具	★★
	2. GB 16410—2007 有关安全装置的规定	★★
	3. GB 16410—2007 5.2.7.2、5.2.7.3、5.2.11 相关规定	★★
	4. 燃气互换性与灶具适应性知识	★★★
多功能燃气灶具的维修	1. 自动点火装置的种类、主要结构及工作原理	★★★
	2. 压电陶瓷点火装置和电脉冲点火装置的失效原因	★★★
	3. 燃气灶具常见保护装置的种类及工作原理	★★★
	4. 燃气灶熄火保护装置的失效原因及检修	★★★
	5. 燃气灶常见自动控制装置的种类和工作原理	★★★
	6. 燃气灶自动控制装置检修的主要内容	★★
更换配件及功能核查	1. 燃气灶与市供燃气相适应的必要性	★★
	2. 更换燃气灶喷嘴及燃烧器基本要求	★★★
	3. 多功能燃气灶电气连接示意图	★★
	4. 更换燃气灶控制盒的注意事项	★★★
	5. 燃气灶维修后的功能核查	★★★

注：重要程度中，"★"为级别最低，"★★★"为级别最高。

重点复习提示

一、多功能燃气灶具

1. 国外多功能灶具发展动态

欧洲国家的燃气灶具起步早，起点比较高，对全球的灶具市场影响比较大，我国嵌入式灶具的雏形就是从欧洲引进的。欧洲的家用灶具分为电灶和燃气灶两种，为追求厨房家电产品的总体搭配，即整体厨房观念，有嵌入式灶具和落地式灶具。欧洲灶具单从外观上已分不出产品的档次，其变化主要集中在面板款式的变化和功能的增加应用上，其档次也更多的是从功能的多少、燃烧器个数搭配上来区分。

2. 我国多功能燃气灶具的发展动态

随着我国燃气事业的蓬勃发展，特别是西气东输工程的开展，我国大中城市的燃气普及率越来越高。燃气灶具在用途上从单一的双眼灶发展出烘烤器、烤箱、烤箱灶和饭锅等，少数产品在结构上增加了电磁炉或电烤箱，扩展了使用功能。20世纪90年代开始引入了嵌入式家用燃气灶具，现已逐步替代了台式燃气灶，成为市场的主流。由于中国人的烹饪方式与西方不同，灶具的热流量要求较大，多为4.0 kW左右。点火方式主要采用压电陶瓷点火和电脉冲点火，所有产品都设置了防止意外熄火功能，部分产品还设置了漏气和防面板爆裂等自动保护装置。

随着环境恶化和能源形势的日趋严峻，节能和环保成为世界性的主题。我国在"十一五"规划中将节能减排列为工作的重中之重。对如何降低燃烧过程中的氮氧化物及一氧化碳的排放和对更安全更高燃烧效能的追求促进了燃烧新技术的不断涌现，成为燃烧技术发展的方向，从而带动了燃烧过程智能化控制技术的发展，促进了更高燃烧效率新产品的出现。目前在燃气灶具上应用的新技术主要有低NO_x的燃烧排放技术、红外线辐射加热技术、催化燃烧技术等。

灶具市场的需求方向就是灶具市场的发展方向。燃气灶具市场的发展方向就是要满足消费者日益增长的潜在需求，即向高效节能、环保、安全、功能化和智能化方向发展。

（1）高效节能技术的发展趋势。随着国家和社会对节能要求的提高，老百姓对节能意识的增强，一些灶具厂商也加大了这方面的投入和开发，一些新产品、新技术被广泛应用。

1）红外燃烧技术。利用陶瓷板被加热到800～1 000℃产生的红外线辐射加热，降低了对流换热的热损失，从而提高了热效率。

2）催化燃烧技术。在燃烧器面板上涂上催化剂，利用催化燃烧加快燃烧反应，减少过剩空气量，从而提高热效率。

3）通过改变燃烧器的进风方式或增加烟气与锅底的接触面积等方式提高热效率。

（2）低污染排放的趋势。在我国灶具的发展过程中，烟气中氮氧化物的排放一直不是很受重视。在我国现行的商用燃具和家用燃具标准中，只有《家用燃气快速热水器》（GB 6932—2015）对氮氧化物进行了分级评定，但未作强制规定。实际上，氮氧化物的毒性超过了一氧化碳对人体的危害。随着人们对环保排放的重视，不少企业也开始重视氮氧化物的排放问题，低氮氧化物燃烧器应运而生，协调产品价格、污染排放、热效率仍是灶具发展的方向。

(3) 更安全、多功能的趋势。随着生活水平的提高，人们在选购灶具时，价格已不再是主要因素。灶具的安全性能、与厨柜家具的整体效果已经成为选购的主要因素，这是消费者逐渐成熟的表现。生产厂家也逐渐由拼价格到拼安全、拼理念。灶具在功能上不断翻新，如增加熄火保护装置、再点火装置、防干烧装置和漏气报警装置等，灶具正朝着更舒适、更安全、更美观的方向发展。

3. 多功能灶的型号、规格

(1) 家用燃气灶具的类型（见表1—2）

表1—2　　　　　　　　　家用燃气灶的类型

分类方式	分类内容
按燃气类别	人工燃气灶具、天然气灶具、液化石油气灶具
按灶眼数	单眼灶、双眼灶、多眼灶
按结构形式	台式、嵌入式、落地式、组合式、其他形式
按加热方式	直接式、半直接式、间接式
按功能不同	烤箱灶、烘烤灶、烘烤器、烤箱、饭锅、气电两用灶

(2) 家用燃气灶类型代号。家用燃气灶类型代号按功能不同用大写字母表示为：

JZ 表示燃气灶，JKZ 表示烤箱灶，JHZ 表示烘烤灶，JH 表示烘烤器，JK 表示烤箱，JF 表示饭锅。

气电两用灶类型代号由燃气灶类型代号和带电能加热的灶具代号组成，用大写字母表示为：

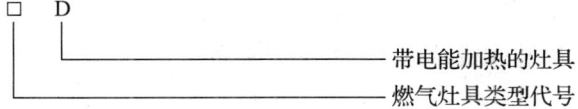

灶具的型号由灶具的类型代号、燃气类别代号和企业自编号组成，表示为：

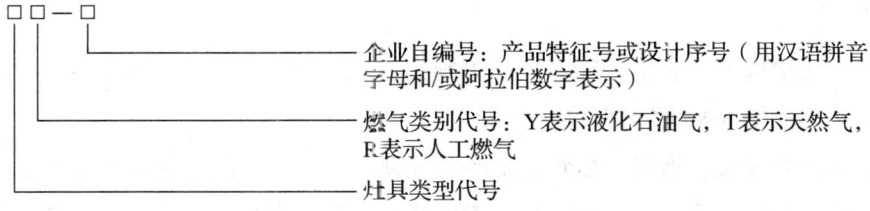

例如：

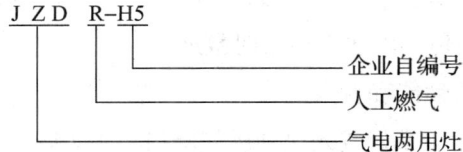

通常，家用燃气灶具单个燃烧器的额定热负荷≤5.23 kW，燃气烤箱和燃气烘烤器的额定热负荷≤5.82 kW，燃气饭锅的额定热负荷≤4.19 kW，每次焖饭的最大米量≤4 L，气电两用灶的总额定热负荷≤5.00 kW。

(3) 燃气商用灶种类繁多，主要有中餐炒菜灶、大锅灶、蒸箱、西餐灶、烤鸭炉、汤锅、饼炉、砂锅灶等。大锅灶的类型见表1—3。

表1—3　　　　　　　　　　　大锅灶的类型

分类方式	分类内容
按燃气类别	人工燃气大锅灶、天然气大锅灶、液化石油气大锅灶、沼气大锅灶
按燃烧方式	扩散式大锅灶、大气式大锅灶、鼓风式大锅灶
按排烟方式	间接排烟式大锅灶、直接排烟式大锅灶

大锅灶的型号编制为：

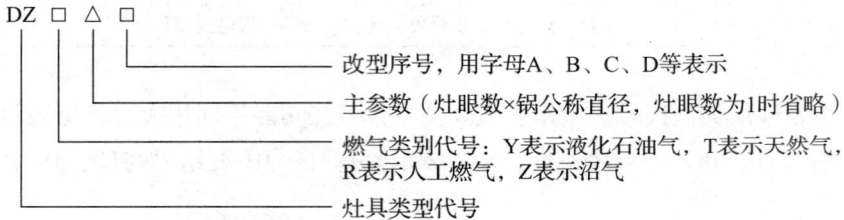

例如：型号为 DZR 1000—A，表示一个人工燃气炊用燃气大锅灶，锅的公称直径为1 000 mm，第一次改型。

大锅灶一般为金属组装式或砖砌式，单个灶眼的额定热负荷不大于80 kW，锅的公称直径不小于600 mm。

(4) 多功能灶具的结构。民用燃气灶具由供气系统、燃烧系统、辅助系统和点火系统四部分组成。

家用燃气灶结构上一般由进气管、开关旋钮、燃烧器、风门、熄火保护装置、盛液盘、灶面、锅支架和框架等基本零部件组成。

中餐炒菜灶是饭店、酒家、食堂必备的燃气设备之一。一般配备两个主炒菜灶和一个带容器的煮汤灶，有的在灶上还有水龙头。在炒菜灶上共有3个燃烧器，每个燃烧器在炒菜灶的面板上都有控制开关，可单独控制每个燃烧器的开启和关闭。在炒菜灶燃烧器上方装有锅支架，锅支架应有一定的倾角，以便于炒菜时翻炒。

(5) 多功能灶具的主要性能和特点

1) 灶具的气密性应满足：从燃气入口到燃气阀门在4.2 kPa压力下，漏气量≤0.07 L/h；

自动控制阀在 4.2 kPa 压力下，漏气量≤0.55 L/h；用最高试验压力下的基准气点燃燃烧器，从燃气入口到燃烧起火孔应无燃气泄漏现象。

2）每个燃烧器的实测折算热负荷与额定热负荷的偏差应在 10% 以内；总实测折算热负荷与单个燃烧器实测折算热负荷总和之比为 85%；两眼及两眼以上的燃气灶和气电两用灶应有一个主火，其实测折算热负荷：普通灶≥3.5 kW，红外线灶≥3.0 kW。

3）家用燃气灶具的使用性能要求（见表 1—4）

表 1—4　　　　　　　　　家用燃气灶具使用性能要求

使用性能	要　　求
燃气灶及组合灶具的燃气灶眼的热效率： ——台式灶 ——嵌入式灶	 ≥55% ≥50%
烘烤器及组合灶具中烘烤器单元的烘烤性能	食品表面无大面积焦痕，内部无夹生
烤箱及组合灶具中的烤箱单元 ——烘烤性能 ——烤箱内各点与烤箱几何中心点的温差 ——烤箱几何中心点的温度达到 200℃ 的时间 ——烤箱内的最高温度 ——控温器的精度 ——温度指示器的精度	 食品表面无大面积焦痕 ≤20℃ ≤20 min ≥230℃ ±25℃ 以内 ±25℃ 以内
饭锅及组合灶具中的饭锅单元 ——焖饭功能 ——具有保温燃烧器的饭锅的保温性能 ——电子保温饭锅的保温性能 ——热效率	 不夹生、不烧焦 米饭中心温度不低于 80℃，无明显焦疤 米饭中心温度在（71±6）℃，无明显异味和褐色 ≥55%

《中餐燃气炒菜灶》（CJ/T 28—2013）对中餐炒菜灶的主要性能和技术指标要求见表 1—5。

表 1—5　　　　　　　　　中餐炒菜灶的技术要求

密封性要求			
项　目		性　能	试验方法
燃气系统	从燃气入口到燃气阀门	泄漏量不应大于 0.14 L/h（标准状态下，空气）	7.3.1
	从燃气入口到燃烧器火孔	外部应无可视泄漏	
水系统	进水入口到水龙头	在 0.5 MPa 压力下稳定 5 min，应无可视泄漏	7.3.2

续表

热负荷准确度要求

项 目	性 能	试验方法
热负荷准确度	各燃烧器的实测折算热负荷与额定热负荷的偏差应在±10%以内	7.4.1
总热负荷准确度	具有两个燃烧器的炒菜灶总实测折算热负荷不应小于单个燃烧器实测折算热负荷之和的90%，具有三个及以上燃烧器的炒菜灶不应小于85%	7.4.2

燃烧工况要求

项 目		性 能	试验方法
火焰传递		点燃主火燃烧器一处火孔后，火焰应在4 s内传遍所有火孔，且应无爆燃	7.5.1
火焰状态		清晰、均匀、无黄焰、无黑烟	7.5.2
主火燃烧器火焰稳定性		无熄火、无固火、高焰火孔数不应超过总火孔数的10%	7.5.3
常明火点火燃烧器火焰稳定性		无离焰、无回火、无熄火，在主火燃烧器点燃或熄灭时，不应产生熄火现象。常明火点火燃烧器在2-3燃气条件下，应能保持点燃状态，主火燃烧器应被点燃，且不应发生爆燃	7.5.4
运行噪声 [dB（A）]	一级	≤65	7.5.5
	二级	≤70	
	三级	≤80	
熄火噪声 [dB（A）]		≤85	7.5.6
干烟气中CD（α=1）（%）		≤0.10	7.5.7

二、GB 16410—2007 有关安全装置的规定

5.2.7.1 熄火保护装置

灶具熄火保护装置应满足：

a）开阀时间≤15 s；

b）闭阀时间≤60 s。

5.2.10 电气性能

5.2.10.1 使用交流电源的灶具，电气性能应满足表1—6要求。

表 1—6　　　　　　　　　　　　　　　　电气性能要求

项目	性 能 要 求
防触电保护	防触电保护性能应满足： ——试验销应不能碰触到带电部件； ——仅用基本绝缘与带电部件隔开的部件、Ⅱ类结构的部件，试验销应不能触及带电部件； ——对正常使用中可能用叉子或类似尖锐物品能偶然触及的，长试验销应不能触及带电部件
室温下的泄漏电流和电力强度	灶具的泄漏电流应满足： ——Ⅰ类电动灶具不应超过 3.5 mA； ——Ⅰ类电热灶具不应超过 1 mA 或 1 mA/kW，两者中取较大值，但最大 ≤10 mA； ——Ⅱ类灶具不应超过 0.25 mA； ——Ⅲ类灶具不应超过 0.5 mA； ——电磁灶头不应超过 0.7 mA（峰值）乘以以 kHz 为单位的工作频率或 70 mA（峰值），两者中选较小值
	电力强度： 灶具绝缘承受 1 min 频率为 50 Hz 或 60 Hz 基本为正弦波的试验电压，在试验期间，不应出现闪络和击穿。 试验电压值和施加部位均有具体规定
在工作温度下的泄漏电流和电力强度	在工作温度下，灶具的泄漏电流应符合： ——Ⅰ类电动灶具不应超过 3.5 mA； ——Ⅰ类电热灶具不应超过 1 mA 或 1 mA/kW，两者中取较大值，但最大 ≤10 mA； ——Ⅱ类灶具不应超过 0.25 mA； ——Ⅲ类灶具不应超过 0.5 mA； ——电磁灶头不应超过 0.7 mA（峰值）乘以以 kHz 为单位的工作频率或 70 mA（峰值），两者中选较小值
	电力强度： 灶具绝缘承受 1 min 频率为 50 Hz 或 60 Hz 基本为正弦波的试验电压，在试验期间，不应出现闪络和击穿。 试验电压值如下： ——对在正常使用中承受安全特低电压的基本绝缘为：500 V； ——对其他基本绝缘为：1 000 V； ——对附加绝缘为：2 750 V； ——对加强绝缘为：3 750 V
接地电阻	接地端子或接地触点与接地金属部件之间的连接，应具有低电阻，接地电阻不应超过 0.1 Ω

续表

项目	性 能 要 求
耐潮湿	灶具的耐潮湿性能应满足： 灶具在经过溢水试验后，立即经受电气强度试验，应不击穿； 灶具经过潮湿处理后，立即经受电气强度试验，应不击穿
额定输入功率偏差	灶具的额定输入功率偏差应满足： 所有灶具，输入功率≤25 W时，偏差＜+20%。 电热灶具和联合型灶具： ——输入功率＞25～200 W时，偏差在±10%以内； ——输入功率＞200 W时，−10%＜偏差＜+5%或20 W（选较大值）。 电动灶具： ——输入功率＞25～300 W时，偏差＜+20%； ——输入功率＞300 W时，偏差＜+15%或60 W（选较大值）

5.2.10.2 使用直流电源的灶具，当直流电源电压异常时，应满足：

——电压低落到额定电压的70%，安全保护功能正常，不妨碍使用；

——电压低落到零伏，灶具处于安全保护状态或正常使用状态。

5.3.7.5 熄火保护装置应符合：

a) 燃烧器未点燃、意外熄火或火焰检测器失效时，应能关闭燃烧器的燃气通路；

b) 火焰检测器与燃烧器的相对位置，在正常使用状态下应保持不变。

三、GB 16410—2007 5.2.7.2、5.2.7.3、5.2.11 相关规定

国家标准《家用燃气灶具》（GB 16410—2007）中规定：

5.2.7.2 饭锅温控装置

饭锅温度控制装置的闭阀温度应为试验处水沸点的0.5～4.5℃以内。

5.2.7.3 油温过热控制装置

油的最高温度≤300℃。

5.2.11 耐用性能

烤箱控温器的耐用性能应满足：

a) 电磁阀方式动作30 000次后，箱内温度合格，不妨碍使用。

b) 直接动作阀方式：

——带旁通的动作1 000次后，气密性及箱内温度合格，不妨碍使用；

——不带旁通的动作6 000次后,气密性及箱内温度合格,不妨碍使用。

饭锅温控器动作1 000次后,气密性合格,焖饭性能不变。

四、燃气互换性与灶具适应性知识

1. 燃气的互换性

随着我国燃气事业的不断发展,供气规模、气源类型、用具类型都在不断增加。具有多种气源的城市越来越多。然而,不同燃气的成分、热值、密度和燃烧特性都不相同。任何燃具都是按一定的燃气成分设计的。当燃气成分改变而导致其热值、密度和燃烧特性发生变化时,燃具燃烧器的热负荷、一次空气系数、燃烧稳定性、火焰结构、烟气中一氧化碳和氮氧化物含量等燃烧工况都会发生改变。因此,以一种燃气代替另一种燃气时,必须考虑互换性问题。

虽然燃烧器是按一定的燃气成分设计的,但在燃烧器不重新调整的情况下,也能适应燃气成分的某些改变。当燃气成分变化不大时,燃烧器燃烧工况虽有改变,但尚能满足燃具原设计要求,则这种变化是允许的。但当燃气成分变化较大时,燃烧器燃烧工况的改变使得燃具不能正常工作,那么这种变化就是不允许的。设某一燃具以 a 燃气为基准进行设计和调整,由于某种原因要以 s 燃气置换,如果燃烧器此时不加任何调整仍能保证燃具正常工作,则表示 s 燃气可以置换 a 燃气,或称 s 燃气对 a 燃气而言具有"互换性"。a 燃气称为"基准气",s 燃气称为"置换气"。如果燃具不能正常工作,则称 s 燃气对 a 燃气而言没有"互换性"。

互换性并不总是可逆的,也就是说 s 燃气能置换 a 燃气,并不代表 a 燃气一定能置换 s 燃气。

根据燃气互换性的要求,当供给用户的燃气性质发生改变时,置换气必须对基准气具有互换性,否则不能保证用户安全、经济用气。因此,可以说燃气互换性限制了燃气性质的任意改变。

2. 燃具的适应性

两种燃气是否能够互换,并非孤立地取决于燃气性质本身,还与燃具燃烧器及其他部件的性能有密切联系。例如,s 燃气能在某些燃具中置换 a 燃气,但却不能在另一些燃具中置换。也就是说,有些燃具能同时适应 a、s 两种燃气,有些燃具不能同时适应。燃具的适应性,就是指燃具对于燃气性质变化的适应能力。如果燃具能在燃气性质变化范围较大的情况下正常工作,就称燃具的适应性大;反之,则称其适应性小。

决定燃具适应性大小的主要因素是燃具燃烧器的性能,但燃具的其他性能,例如二次空气的供给情况、燃烧空间也会影响其适应性。

燃具的适应性是指燃具不加任何调整而能适应燃气变化的能力。即当燃气性质有某些改变时，燃具不加任何调整，其热负荷、一次空气系数和火焰特性的改变不超过某一极限，以保证燃具仍能维持正常的工作状态。

3. 燃气的互换性和燃具的适应性的关系

燃气的互换性和燃具的适应性是一个事物的两个方面。互换性是指为了保证燃具的正常工作，燃气性质的变化不能超过某一范围。适应性是指一个合格的燃具应能适应燃气性质的某些变化。互换性是对燃气品质提出的要求，适应性则是对燃具性能提出的要求。

从燃气互换性角度看，工业燃具和民用燃具的情况是不同的。工业燃具大多用仪表控制，由专人管理，有较好的运行条件。当燃气性质发生改变时，可以通过调节来达到满意的燃烧工况。因此，一般来讲，工业燃具对燃气互换性的要求较低。民用燃具分布在千家万户，燃具在安装时经燃气专业人员一次调整后，一般不再反复调整。民用用户不允许燃气中断，也不能用其他燃料代替燃气。绝大多数民用用户缺乏使用燃气的专门知识，如果将不能互换的燃气供给民用用户，就会出现离焰、回火、黄焰和不完全燃烧事故。因此，在考虑燃气互换性时，主要考虑的是在民用燃具上的互换性。如果在民用燃具上能够互换，则在一般工业燃具上也能够互换。

4. 华白数

当以一种燃气置换另一种燃气时，首先应保证燃具的热负荷在互换前后不发生过大的变化。以家用燃气灶具为例，如果热负荷减少太多，就达不到烧煮食物的工艺要求，烧煮时间也会加长；如果热负荷增加太多，就会使燃烧工况恶化。

当燃烧器喷嘴前压力不变时，燃具热负荷 Q 与燃气热值 H 成正比，与燃气相对密度的平方根 $\sqrt{s}$ 成反比：

$$W = \frac{H}{\sqrt{s}}$$

式中　W——华白数，又称热负荷指数；

　　　H——燃气热值，按各国习惯，有些取高热值，有些取低热值，我国取高热值；

　　　s——燃气相对密度。

燃具的热负荷与华白数成正比：

$$Q = KW$$

式中　K——比例常数。

华白数是代表燃气特性的一个参数。两种热值和密度均不相同的燃气，只要其华白数相等，就能在同一燃气压力和同一燃具上获得相同的热负荷。如果其中一种燃气的华白数比另一种大，则热负荷也比另一种大。

如在燃气互换时有可能改变管网压力工况,从而改变燃烧器喷嘴前的压力 H_g,则压力 H_g 也成为影响燃烧器热负荷的因素。燃烧器热负荷与喷嘴前压力的平方根 $\sqrt{H_g}$ 成正比,$H\sqrt{\dfrac{H_g}{s}}$ 称为广义华白数。

$$W_1 = H\sqrt{\dfrac{H_g}{s}}$$

式中　W_1——广义华白数;

　　　H_g——喷嘴前压力。

当燃气热值、相对密度和喷嘴前压力同时改变时,燃烧器热负荷与广义华白数成正比:

$$Q = K_1 W_1$$

式中　K_1——比例常数。

当燃气性质改变时,除引起燃烧器热负荷改变外,还会引起燃烧器一次空气系数的改变。根据大气式燃烧器引射器的特性,一次空气系数 α' 与 $\sqrt{s}$ 成正比,与理论空气量 V_0 成反比。因此一次空气系数 α' 与华白数 W 成反比:

$$\alpha' = K_2 \dfrac{1}{W}$$

式中　K_2——比例常数。

从以上分析可以看出,如果两种燃气具有相同的华白数,则在互换时能保持相同的热负荷和一次空气系数。如果置换气的华白数比基准气大,则在置换时燃具热负荷将增大,而一次空气系数将减小。反之,如果置换气的华白数比基准气小,则在置换时燃具热负荷将减小,而一次空气系数将增大。

一般规定在两种燃气互换时华白数的变化不大于 $\pm(5\% \sim 10\%)$。

5. 火焰特性对燃气互换性的影响

在互换性问题产生初期,由于置换气和基准气的化学、物理性质相差不大,燃烧特性比较接近,因此用华白数作为指标就可以控制燃气互换性。但是随着燃气气源种类的不断增多,出现了燃烧特性差别较大的两种燃气的互换性问题,这种情况下,单靠华白数指标就不足以判断两种燃气是否可以互换。此时还必须采用火焰特性这个较为复杂的因素。火焰特性是指产生离焰、黄焰、回火和不完全燃烧的倾向性,它与燃气的化学、物理性质有关。

燃气灶具通常采用引射式大气式燃烧器,具有部分预混火焰的特性。部分预混火焰由内焰和外焰两部分组成,当燃气性质和燃烧器火孔构造已定时,一次空气系数的大小决定了火焰的形状和高度。一次空气系数大,火焰短,有回火倾向,火焰为"硬火焰"。一次空气系数小时,火焰拉长,回火倾向性小,火焰为"软火焰"。就民用燃具燃烧器而言,过硬和过软的火焰都是不合适的。正常的部分预混火焰应该具有稳定的、燃烧完全的火焰结构，而不正常的部分预混火焰则会产生离焰、回火、黄焰和不完全燃烧等现象。较理想的部分预混火焰的内焰焰面应轮廓鲜明。而外焰气流的自由流动则不受阻碍，化学反应条件也不受破坏，以保证在内焰焰面产生的不完全燃烧产物在外焰能达到完全燃烧。

以燃烧器火孔热强度 q_p 为纵坐标，以一次空气系数 α' 为横坐标，在该坐标系上做出离焰、回火、黄焰和燃烧产物中 CO 极限含量 4 条燃烧特性曲线（见图 1—1）。不同燃气在同一燃具上的燃烧特性曲线各不相同，反映出不同燃气对离焰、回火、黄焰和不完全燃烧的倾向性。燃烧器上火孔的尺寸、排列方式和制造用的材料等因素均会对特性曲线的位置产生影响。但只要两种燃具的基

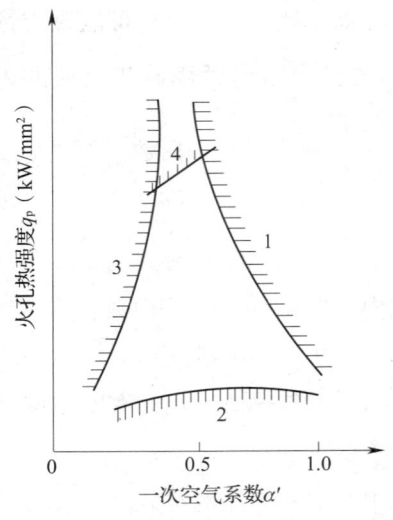

图 1—1　火焰燃烧特性曲线
1—离焰极限　2—回火极限
3—黄焰极限　4—CO 极限

本型式相同，则不同燃气在这两种燃具上所做出的特性曲线的相对位置保持不变。该特性表明两种燃气如果在典型燃具上能够互换，那么在其他类似燃具上也能够互换。

当燃气温度不变时，某一燃具的运行工况取决于燃气的燃烧特性、火孔热强度和一次空气系数。前一个因素决定了特性曲线在 q_p—α' 坐标系上的位置，后两个因素决定了燃具运行点在 q_p—α' 坐标系上的位置。只有当运行点落在特性曲线范围内时，燃具的运行工况才是令人满意的。当燃气性质改变时，燃气的燃烧特性和华白数同时改变。燃气燃烧特性的改变引起特性曲线位置的改变，华白数的改变引起燃具运行点的改变。从互换性角度看，当以一种燃气置换另一种燃气时，应保证置换后燃具的新工作点落在置换后新的特性曲线的范围之内。

五、自动点火装置的种类、主要结构及工作原理

1. 小火点火

小火点火是一种早期的简单点火装置，它由点火源向燃气混合物传递热量，点燃燃气。它又分为直接点火和间接点火两种形式。

（1）直接点火。只有一个固定的小火引火器。有时为防止被风吹熄，加一个耐热金属网罩。在小火点燃后，它将长明不熄。当需要点燃主燃烧器时，将主燃烧器阀门打开，即可自动点燃主燃烧器。

（2）间接点火。不仅有一个固定的小火点火器，还有引火管或爆炸室，既能起到防风作用，又能减少固定小火点火器的数目。为了防止长明小火被喷溅的汤汁等浇灭或被风吹

熄，家用灶具上常采用间接点火，按其结构分为引火管式点火器和爆炸室式点火器。

小火点火装置结构简单，点火可靠。但因小火长明，既浪费燃气又有被风吹熄的可能，不适合自动化技术发展的要求。

2. 炽热丝点火

炽热丝点火系统主要由三部分组成：小火点火器、电源、开关和热丝点火元件。点火时电路接通，热丝开始发热，再由热丝将小火点燃。热丝即电阻丝，有金属热丝点火元件，如铂丝、铂铑丝，还有非金属热丝点火元件，主要有碳化硅和二硅化钼两种。

炽热丝点火的优点是点火可靠，缺点是需要外加电源。

3. 电火花点火

电火花点火是利用点火装置产生的高压电在两极间隙产生电火花，来点燃燃气。目前在民用燃具上几乎都使用电火花点火。常用的电火花点火装置可分为压电陶瓷点火装置和电脉冲点火装置。

（1）压电陶瓷点火装置。压电陶瓷点火装置实际上是一种单脉冲点火装置。压电陶瓷点火装置由内装压电晶体的旋塞部件、撞锤机构、高压电线、电极和引火口等组成。它的点火方式是先用电火花点燃小火，再通过小火将主燃烧器点燃。

（2）电脉冲点火装置。电脉冲点火装置有电子线路单脉冲点火装置和连续电脉冲点火装置。目前用在燃气用具上的多为连续电脉冲点火装置。

连续电脉冲点火装置是指当按下燃具点火开关时，点火装置可以连续不断地放出电脉冲火花。连续电脉冲点火装置与单脉冲点火装置相比，其优点是操作方便，点火着火率高。民用燃具上的电脉冲点火装置有以干电池作为电源的晶体管电子电路点火装置和以市电为电源的自动点火控制系统。

六、压电陶瓷点火装置和电脉冲点火装置的失效原因

《家用燃气灶具》（GB 16410—2007）对电点火装置的规定是点 10 次应有 8 次以上点燃，不能连续 2 次失效，无爆燃。

1. 压电陶瓷点火装置的失效原因

（1）气路系统问题

1）气源开关未开或气压不足。

2）胶管压扁、扭折或堵塞。

3）气压太高造成气流速度太快，冲击电火花。

4）点火喷嘴太大，造成气流过大，冲击电火花。

（2）电路系统问题

1）电路系统接触不良，电源线脱落或松动，如点火输出电缆未与瓷头连接牢固等。

2）输出电缆破损，造成超近打火。

3）高压电极间隙不合适，点火电极、感应电极受到污染。

（3）点火装置内部故障。开关总成内部撞击块磨损或破裂。

2. 电脉冲点火装置的失效原因

（1）气路问题

1）气源开关未开或气压不足。

2）胶管压扁、扭折或堵塞。

3）气压太高造成气流速度太快，冲击电火花。

4）点火喷嘴太大，造成气流过大，冲击电火花。

（2）电路系统问题

1）电脉冲点火器无电池或电池电压不足或电池正负极装反。

2）电路系统接触不良，电源线脱落或松动。

3）输出电缆破损，造成超近打火。

4）高压电极间隙不合适，点火电极、感应电极有污染。

（3）点火装置内部故障。电脉冲点火总成微动开关接触不良。

七、燃气灶具常见保护装置的种类及工作原理

燃气灶具的安全保护装置有十余种，如熄火保护、回火保护、过热保护、缺氧保护和防触电保护（使用交流电）等。广泛用于民用燃具上的是过热保护、缺氧保护和熄火保护，其中熄火保护装置是燃气灶具国家标准规定的必须安装的保护装置。

熄火保护装置是燃气控制系统中重要的组成部分。当燃烧设备内的火焰熄灭时，熄火保护装置能自动切断燃气，防止燃气继续进入燃烧设备，以免发生爆炸事故，从而保证燃气燃烧设备的安全运行。常见熄火保护装置主要有双金属片式（又称热敏式）、热电式、离子感应式、光电式、热敏电阻式。

1. 双金属片式熄火保护装置

双金属片式熄火保护装置由双金属片、传动机构和燃气阀等组成。双金属片是由膨胀系数差异很大的两种金属薄片复合而成，当温度升高时，双金属片向线性膨胀系数小的一侧弯曲，这种偏位与温度变化近似成正比关系。双金属片式熄火保护装置正是利用了双金属片在温度的作用下膨胀弯曲的这一特性起保护作用的。

2. 热电式熄火保护装置

热电式熄火保护装置以热电偶为火焰传感元件，以电磁阀为执行元件。当火焰意外熄灭

时，热电偶能够感知，电磁阀随之自动切断燃气通路。热电式熄火保护装置主要有直接关闭式和隔膜阀式两种。

（1）直接关闭式熄火保护装置。目前在家用燃气灶上主要采用直接关闭式熄火安全保护装置，它由热电偶和电磁阀两部分组成。这种安全保护装置在燃气灶上的实现比较简单，是将电磁阀固定在燃气灶的旋塞阀内控制燃气通路，热电偶固定在燃气灶的燃烧器附近，热电偶的引线与电磁阀连接。需要工作时，按压旋塞阀并旋转，在按压旋塞阀时，旋塞阀内的顶杆将电磁阀顶开，当燃气释放到燃烧器时，被点火火花点燃。因热电偶的惯性作用，在燃气被点燃后还需要按压住旋塞阀保持电磁阀的开阀状态，等到被加热的热电偶所产生的热电动势足以维持电磁阀的吸合状态时才能松开旋塞阀，以保持燃气灶的正常工作。当燃气灶在正常工作中发生意外熄火现象时，热电偶因无火焰加热而慢慢冷却，热电势也随之慢慢下降，直至消失，电磁阀因无激励电流而失去磁性，在弹簧力的作用下复位，从而将燃气通路关闭，阻止燃气外泄达到安全保护的作用。

热电式熄火保护装置具有结构简单、安装方便、成本较低的特点，目前已得到广泛应用。热电式熄火保护装置的缺点是热惯性大、反应速度慢（开、闭电磁阀的时间较长）、使用寿命短，且旋塞阀与电磁阀的安装配合精度要求较高。

（2）隔膜式熄火保护装置。其工作原理与直接关闭式熄火保护装置基本相同，不同之处是隔膜阀式熄火保护装置利用塑料隔膜来切断气路。

3. 离子感应式熄火保护装置

离子感应式熄火保护装置是利用燃气在燃烧时火焰带有离子并具有单向导电性的特性而起保护作用的。这种熄火保护装置不受光、热、磁的干扰，反应灵敏、动作迅速，由早期的直流检火发展到现在的交流检火，使可靠性得到了大幅度提高。

离子感应式熄火保护装置是由控制盒（控制电路）、电磁阀（执行元件）、离子检火针（感应元件）组成。

交流检火的工作原理是：在离子检火针上加交流电压，利用火焰具有明显的单向导电性，而漏电流具有双向导电性这一特点，在电路中采用交直流信号识别电路来区分火焰离子电流和漏电流，达到检出火焰信号，去掉漏电流信号，防止误动作和熄火保护的目的。

4. 光电式熄火保护装置

光电式熄火保护装置是以光电管为火焰的感知元件，以电磁阀为执行元件。光电管在感知燃具火焰熄灭时，发出一个信号，这个信号经放大后，控制电磁阀切断燃气通路。

光电式熄火保护装置除光电管外，还可用光电池、光敏电阻等一系列元件作为传感元件。其主要优点是可靠性好、动作迅速，而且可兼容自动点火、自动保护及报警等功能。但由于其制作较复杂、成本较高，并且要引入交流电，因此一般用在工业燃具及高档民用燃具中。

5. 热敏电阻式熄火保护装置

这种装置的检测元件是热敏电阻。用于火焰检测的热敏电阻要耐高温、抗氧化、具有较高的正电阻温度系数。由于二硅化钼的抗氧化能力较好，正电阻温度系数高，使用温度可达 1 600℃，因此常用作火焰检测元件。

八、燃气灶熄火保护装置的失效原因及检修

1. 燃气灶熄火保护装置的失效原因

（1）热电偶式熄火保护装置的失效原因

1）热电偶金属焊点（热点）针状腐蚀断开。

2）电磁阀回路线圈焊点腐蚀断开。

3）电磁阀电磁铁表面或衔铁表面锈蚀或有污物。

4）热电偶与电磁阀连接处松动或连接不牢固。

5）热电偶安装位置不正确，其端部未被火焰包围。

6）按压旋钮的力度不够或时间不够。

7）热电偶端部积炭。

（2）离子感应式熄火保护装置的失效原因

1）检火线脱落或检火线与检火针连接处有油污。

2）检火针位置不正确。

3）检火针与燃烧器接触。

4）检火回路地线松动或脱落。

5）检火针烧断或严重腐蚀。

6）控制盒故障。

2. 燃气灶熄火保护装置检修的主要内容

在检修熄火保护装置时，应先了解故障情况，确认故障存在。然后用目测、仪器测和试验等方法进行检查、分析和判断，故障原因确定后，进行维修或零部件更换。根据熄火保护装置的不同，应重点检查以下内容：

（1）检查火焰感知元件或电磁阀是否损坏。

（2）检查各连接点是否连接可靠。

（3）检查热电偶的感热部位是否积炭或检火针是否接触燃烧器。

（4）检查连接线的绝缘层是否损坏或与机件短路。

（5）检查热电偶或检火针与火焰的相对位置是否发生变化。

（6）检查检火地线是否脱落或松动。

（7）检查电磁阀电磁铁、衔铁的吸合面是否有杂质、灰尘或发生锈蚀。

（8）检查控制盒是否有故障，电源是否接通，电池是否有电等。

九、燃气灶常见自动控制装置的种类和工作原理

1. 过热保护装置

过热保护装置是一种易熔金属合金，为一次性元件。为防止燃具在使用中，因意外原因造成自身温度过高引起环境温度升高而发生事故，可在燃具外壳附近装设过热保护装置，又称热熔丝。这种过热保护装置的特点是利用易熔金属合金，成本低廉，安装使用方便，但它是一次性元件，温度监视点有限。

过热保护开关也是过热保护装置，又称过热继电器。过热保护开关的执行元件是双金属片，当温度过高时，在热应力的作用下双金属片产生变形，推动开关断开。过热保护开关非一次性器件，可手动复位或自动复位。

温度敏感元件（如正电阻温度系数热敏电阻）也常用于过热保护装置。此过热保护装置一般串接在热电式熄火保护装置热电偶与电磁阀的引线上，温度的过度升高使元件的电阻急剧增大，从而使热电式熄火保护装置回路中电流减小，电磁阀关闭，燃气通路被切断。

2. 温度控制装置

（1）双金属式。双金属式温控器是将膨胀系数差异很大的两种金属薄片复合，当温度升高时，双金属片向线性膨胀系数小的一侧弯曲，这种偏位与温度变化近似成正比关系。双金属式温控器都有使用温度范围，可分为低温用、中温用、高温用三类。这种检测控温方式因结构简单而得到广泛应用。

（2）热电偶式。热电偶式温控器是利用两金属之间的接触电位差进行温度控制的。在高温状态下，两金属触点自由电子运动加剧，电位差增大。接触电位差与金属种类有关。在实际运用中，金属丝一端触点保持一定温度，另一端触点置于被测温度环境内。保持一定温度（一般为常温）的触点称为冷触点，测量端为热触点。通过测定触点间的电位差来确定温度差。

此外，用作温度控制的还有电阻温度计、辐射温度计、光电温度计等。

3. 回火保护装置

回火保护装置是利用燃气在燃烧时火焰带有离子并具有单向导电性的特性而起保护作用的。回火检测的原理与火焰检测相同，一般火焰检测反馈电路与回火检测反馈电路共用一个振荡电路。

十、燃气灶自动控制装置检修的主要内容

在维修自动控制装置时，应首先了解故障情况，确认故障存在。然后用目测、仪器测和

试验等方法进行检查、分析和判断，故障原因确定后，进行维修或零部件更换。根据自动控制装置的不同，应重点检查以下内容：

（1）检查过热保护元件或电磁阀是否损坏。
（2）检查各连接点是否连接可靠。
（3）检查过热开关是否变形，双金属片是否发生永久变形。
（4）检查过热开关接合面是否不贴合或导热硅脂是否已经干涸。
（5）检查回火针与火焰的相对位置是否发生变化。
（6）检查检火地线是否脱落或松动。
（7）检查控制盒是否有故障，电源是否接通，电池是否有电等。

十一、燃气灶与市供燃气相适应的必要性

随着我国经济社会的发展和人民生活水平的不断提高，我国燃气事业也进入了一个快速发展的阶段。燃气的发展带动了燃气灶的发展，其种类日益增多，各式各样的燃气灶形成了一定规模的市场。在我国燃气事故中，由于燃气灶与当地供应的燃气气质成分不匹配，燃气不能完全燃烧而造成释放出的烟气中含有有害气体致人伤害的案例占到总伤害案例的30%。因此，如何保证用户在使用燃气时的安全、降低燃气安全事故，是关系国计民生、社会稳定的一件大事，使燃气灶与气源种类、气质成分相适应，是保证燃气灶正常使用，降低燃气安全事故的重要举措。

燃气供气企业所供应的燃气不是单一的燃气，很多城市同时供应天然气、液化石油气、人工燃气和液化石油气掺混空气等多种类型燃气，这种现象对于安全使用燃气灶有很大影响。即使燃气灶是按照国家标准《城镇燃气分类和基本特性》（GB/T 13611—2006）规定的燃气基准气进行设计的，也与实际的燃气组分有很大差别，这些差别往往不仅是两者组分多少的差别，而是实际供应的燃气中含有基准气中未含有的组分，实际测试表明这些组分会导致燃烧工况产生很大差异。就目前的应用科技水平看，由于燃气本身所具有的特性，世界上还没有哪个国家可以生产出通用的燃气灶。所以，为了使燃气能够完全燃烧，保护广大燃气用户的使用安全，节约能源，提高热效率，确保燃气灶与当地供应的燃气相适应是十分必要的。

十二、更换燃气灶喷嘴及燃烧器基本要求

当燃气气质成分发生改变（如液化石油气改成天然气），或燃气组分发生较大改变时，现有的燃气具必须进行适当的调整或改造才能适应这种变化，灶具的改装通常是更换燃气喷嘴、燃烧器或火盖，以达到规定的燃烧工况。这项工作必须由制造商认可的经考核合格有资质的专业人员进行。

应先熟悉产品使用说明书关于产品改装和转换的要求、操作说明；了解待转换灶具燃烧系统的大致结构和额定热负荷等情况；小心拆卸燃气供气系统、喷嘴、燃烧器或火盖等并进行改装或更换；断裂的密封应重新封好。改装和转换完毕必须经过试火、试漏。燃烧工况及热负荷调整完毕加贴标签（燃气类型、燃气供气压力、热负荷等）。

十三、多功能燃气灶电气连接示意图

多功能燃气灶电气连接示意图是表示设备各电气元件的连接关系，用以进行电气接线和检查、检修的一种简图或表格。通过接线图的识读可以了解各电气元件的连接关系、各连接线的颜色及相对应的接线端子，避免在安装时造成接线失误。

十四、更换燃气灶控制盒的注意事项

燃气灶具的气源转换时，除需更换喷嘴、燃烧器外，一般情况下灶具控制盒也需更换。更换燃气灶控制盒时应注意以下几点：

首先，要熟悉说明书中灶具气源转换操作说明及电气连接示意图，在拆卸控制盒时，要查看控制系统的连接情况，必要时可在容易搞错的地方做些记号（如点检火连接处），拔插控制盒的各连接插件、拆卸控制盒时用力要适中，避免损坏插接件或拉断导线，造成新的故障。要选择与使用气质成分相适应的控制盒，插接件要连接牢固，接好地线。转换完毕一定要试火、试漏。

十五、燃气灶维修后的功能核查

1. 熄火保护装置的功能核查

点燃主燃烧器，数分钟后人为强行将火熄火，记下从熄火到熄火保护装置关闭的时间，熄火保护装置应在 1 min 内关闭。

2. 对使用交流电源的灶具进行低压启动功能核查

在微型调压变压器上连接电源线，接通电源，将电压调至 187 V，开启燃气灶，若打火或电磁阀吸合正常，应判定灶具低压启动功能良好。

辅导练习题

一、**判断题** （下列判断正确的请在括号中打"√"，错误的请在括号中打"×"）

1. 欧洲的家用灶具分为电灶和燃气灶两种，为追求厨房家电产品的总体搭配，即整体厨房观念，市场上基本以嵌入式灶具和落地式灶具为主。　　　　　　　　　　　（　　）

2. 由于中国人的烹饪方式与西方不同，灶具的热流量要求较大，多为 2.0 kW 左右。
（   ）

3. 燃气灶具市场的发展方向是：高效节能、环保、安全、功能化和智能化。（   ）

4. DZT 1000—A 表示人工燃气炊用大锅灶，锅的公称直径为 1 000 mm，第一次改型。
（   ）

5. 灶具熄火保护装置应满足：开阀时间≥15 s，闭阀时间≤60 s。（   ）

6. 接地端子或接地触点与接地金属部件之间的连接，应具有低电阻，接地电阻不应超过 1 Ω。
（   ）

7. 饭锅温度控制装置的闭阀温度应为试验处水沸点的 0.5～4.5℃以内。（   ）

8. 油温过热控制装置：油的最高温度≥300℃。（   ）

9. 以一种燃气代替另一种燃气时，必须考虑互换性问题。（   ）

10. 火焰特性是指产生离焰、黄焰、回火和不完全燃烧的倾向性，它与燃气的化学、物理性质有关。
（   ）

11. 小火点火是一种早期的简单点火装置，它由点火源向燃气混合物传递热量，来点燃燃气。
（   ）

12. 常用的电火花点火装置可分为压电陶瓷点火装置和电脉冲点火装置两种形式。
（   ）

13. 点火喷嘴太小，气流过大，冲击电火花，造成压电陶瓷点火失败。（   ）

14. 电脉冲点火总成微动开关接触不良，不会造成电脉冲点火装置点火失败。（   ）

15. 常见熄火保护装置主要有双金属片式（又称热敏式）、热电式、离子感应式、光电式、热敏电阻式。
（   ）

16. 热电式熄火保护装置的缺点是热惯性大、反应速度快、使用寿命短，且旋塞阀与电磁阀的安装配合精度要求较高。
（   ）

17. 电磁阀电磁铁表面或衔铁表面锈蚀或有污物，将导致燃气灶熄火保护装置失效。
（   ）

18. 检火针烧断后搭在燃烧器上，不会产生不检火故障。（   ）

19. 过热保护开关的执行元件是双金属片，当温度过高时，在热应力的作用下双金属片产生变形，推动开关断开。
（   ）

20. 燃气灶具检测控制温度的方法有双金属式、热电偶式等。（   ）

21. 燃气灶自动控制装置检修时，一般用目测、仪器测和试验等方法进行检查、分析和判断。
（   ）

22. 过热开关接合面不贴合或密封脂已经干涸，会发生自动控制装置失灵故障。
（　　）

23. 使燃气灶与气源种类、气质成分相适应，是保证燃气灶正常使用，降低燃气安全事故的重要举措。（　　）

24. 当燃气组分变化偏离设计范围时，燃烧工况就会使燃烧器具不能正常工作。
（　　）

25. 灶具的改装通常是更换燃气喷嘴、燃烧器或火盖。（　　）

26. 改装和转换完成的燃气灶具，无须试火、试漏，直接使用即可。（　　）

27. 多功能燃气灶电气连接示意图用来表示设备各电气元件的连接关系。（　　）

28. 通过接线图的识读可以了解各电气元件的连接关系、各连接线的颜色及相对应的接线端子，避免在安装时造成接线失误。（　　）

29. 燃气灶具的气源转换时，除需更换喷嘴、燃烧器外，一般情况下灶具控制盒也需更换。（　　）

30. 更换灶具控制盒时，可不考虑燃气气质成分与控制盒的适应性。（　　）

31. 点燃主燃烧器，数分钟后人为强行将火熄火，记下从熄火到熄火保护装置关闭的时间，熄火保护装置应在 15 s 内关闭。（　　）

32. 在微型调压变压器上连接电源线，接通电源，将电压调至 187 V，开启燃气灶，若打火或电磁阀吸合正常，应判定灶具低压启动功能良好。（　　）

二、**单项选择题**（下列每题有 4 个选项，其中只有 1 个是正确的，请将其代号填写在横线空白处）

1. 欧洲的家用灶具分为电灶和燃气灶两种，为追求厨房家电产品的总体搭配，即整体厨房观念，市场上基本以_____灶具和落地式灶具为主。

   A. 台式　　　　B. 嵌入式　　　　C. 烤箱　　　　D. 组合式

2. 嵌入式灶不具备_____的特点。

   A. 色彩丰富　　B. 款式多样　　　C. 易于清洁　　D. 热效率高

3. 燃气灶具市场的发展方向是：高效节能、环保、安全、功能化和_____。

   A. 智能化　　　B. 电气化　　　　C. 人性化　　　D. 大型化

4. 家用燃气灶按燃气类别分不包括_____。

   A. 人工燃气灶具　　　　　　　　B. 天然气灶具
   C. 液化石油气灶具　　　　　　　D. 沼气灶具

5. 民用燃气灶由供气系统、燃烧系统、辅助系统和_____四部分组成。

   A. 点火系统　　B. 排烟系统　　　C. 供水系统　　D. 控制系统

6. 熄火保护装置在_____时，不能关闭燃烧器的燃气通路。
   A. 燃烧器未点燃　　　　　　　　B. 燃气压力高
   C. 意外熄火　　　　　　　　　　D. 火焰检测器失效

7. 燃气灶具安全装置不包括_____装置。
   A. 熄火保护　　B. 饭锅温控　　C. 防止黄焰　　D. 油温过热

8. 饭锅控温器动作1 000次后，气密性合格，_____不变。
   A. 油炸性能　　B. 炒菜性能　　C. 焖饭性能　　D. 煎包性能

9. 燃具的适应性是：当燃气性质有某些改变时，燃具不加任何调整，其热负荷、一次空气系数和_____的改变不超过某一极限，以保证燃具仍能维持正常的工作状态。
   A. 火焰特性　　B. 火焰光谱　　C. 火焰长短　　D. 火焰传播速度

10. 如果两种燃气具有相同的华白数，则在互换时就能保持相同的热负荷和_____。
    A. 一次空气系数　B. 二次空气系数　C. 过剩空气系数　D. 火孔热强度

11. 家用燃气灶小火点火常采用_____。
    A. 直接点火　　B. 间接点火　　C. 炽热丝点火　　D. 手动点火

12. 目前，民用燃具常使用压电陶瓷点火装置和_____点火装置。
    A. 炽热丝　　　B. 电脉冲　　　C. 手动　　　　D. 间接

13. _____不是压电陶瓷点火装置的失效原因。
    A. 胶管压扁、扭折或堵塞
    B. 气压太高造成气流速度太快，冲击电火花
    C. 电池电量不足
    D. 气源开关未开或气压不足

14. 脉冲点火总成_____接触不良，会造成脉冲点火装置点火失败。
    A. 微动开关　　B. 风压开关　　C. 水压开关　　D. 电磁开关

15. 常见熄火保护装置主要有双金属片式、热电式、_____等。
    A. 电阻式　　　B. 电磁式　　　C. 离子感应式　　D. 干簧管式

16. 热电式熄火保护装置的缺点是热惯性大、_____、使用寿命短，且旋塞阀与电磁阀的安装配合精度要求较高。
    A. 反应速度快　　　　　　　　　B. 反应速度慢
    C. 安全可靠　　　　　　　　　　D. 操作方便

17. 电磁阀电磁铁表面或_____锈蚀或有污物，将导致燃气灶熄火保护装置失效。
    A. 衔铁表面　　　　　　　　　　B. 密封垫表面
    C. 连接部位表面　　　　　　　　D. 电磁阀体表面

18. 离子感应式熄火保护装置的失效原因不包括_____。
    A. 检火回路地线松动或脱落
    B. 检火针与燃烧器接触
    C. 检火线脱落或检火线与检火针连接处有油污
    D. 热电偶与电磁阀连接处松动或连接不牢固

19. 燃气灶过热保护装置一般不采用_____元件。
    A. 负温度系数热敏电阻   B. 正温度系数热敏电阻
    C. 易熔金属合金   D. 双金属片

20. 燃气灶具检测控制温度的方法有双金属式、_____等。
    A. 光电式   B. 热电偶式   C. 离子感应式   D. 热敏电阻式

21. 燃气灶自动控制装置检修时，一般用目测、仪器测和_____等方法进行检查、分析和判断。
    A. 敲击   B. 闻嗅   C. 试验   D. 触摸

22. 过热开关接合面不贴合或_____已经干涸，会发生自动控制装置失灵故障。
    A. 密封脂   B. 润滑脂   C. 密封液   D. 导热硅脂

23. 使燃气灶与气源种类、_____相适应，是保证燃气灶正常使用，降低燃气安全事故的重要举措。
    A. 气质成分   B. 燃气热值   C. 燃气密度   D. 燃气温度

24. 当燃气组分变化偏离设计范围时，燃具将会产生熄火、回火、_____排放超标，轻则不能正常使用，重则危及使用人的生命安全。
    A. 二氧化碳   B. 一氧化碳   C. 过剩空气   D. 水蒸气

25. 灶具的改装通常是更换燃气喷嘴、燃烧器或_____。
    A. 点火针   B. 面板   C. 火盖   D. 火孔

26. 燃烧工况及热负荷调整完毕需贴标签，标签的内容主要有燃气种类、燃气供气压力、_____。
    A. 热效率   B. 燃气热值   C. 燃气相对密度   D. 热负荷

27. 多功能燃气灶电气连接示意图用来表示点火针与点火引线、检火针与检火引线、电磁阀与电源线、_____的连接关系等。
    A. 微动开关与电源线   B. 水压开关与电源线
    C. 风压开关与电源线   D. 温度探头与电源线

28. 通过接线图的识读可以了解各电气元件的连接关系、各连接线的_____及相对应的接线端子，避免在安装时造成接线失误。

A. 长短　　　　B. 颜色　　　　C. 粗细　　　　D. 材质

29. 燃气灶具的气源转换时，除需更换喷嘴、_____外，一般情况下灶具控制盒也需更换。

　　A. 灶面　　　　B. 旋钮　　　　C. 燃烧器　　　　D. 配气管

30. 更换灶具控制盒时，要考虑_____，接好地线，各连接件要连接牢固，转换完毕一定要试火、试漏。

　　A. 控制盒的耐温性　　　　　　　B. 控制盒的密封性
　　C. 控制盒的防潮性　　　　　　　D. 燃气气质成分与控制盒的适应性

31. 家用燃气灶维修后功能核查的主要内容有熄火保护功能核查、_____功能核查等。

　　A. 低压启动　　　　　　　　　　B. 燃气阀气密力
　　C. 旋钮、按键　　　　　　　　　D. 耐用性

32. 熄火保护功能核查主要包括热电式熄火保护功能核查、_____熄火保护功能核查等。

　　A. 光电式　　　B. 离子感应式　　　C. 压力式　　　D. 热敏电阻式

三、多项选择题（下列各题的多个选项中，至少有2个是正确的，请将正确答案的代号填在横线空白处）

1. 欧洲的家用灶具分为电灶和燃气灶两种，为追求厨房家电产品的总体搭配，即整体厨房观念，市场上基本以_____灶具为主。

　　A. 台式　　　　　　　　　　　　B. 嵌入式
　　C. 烤箱　　　　　　　　　　　　D. 组合式
　　E. 落地式

2. 嵌入式灶具备_____的特点。

　　A. 安装方便　　　　　　　　　　B. 款式多样
　　C. 易于清洁　　　　　　　　　　D. 热效率高
　　E. 色彩丰富

3. 燃气灶具市场的发展方向是：高效节能、环保、安全、_____。

　　A. 智能化　　　　　　　　　　　B. 功能化
　　C. 人性化　　　　　　　　　　　D. 大型化
　　E. 电气化

4. 家用燃气灶按燃气类别分包括_____。

　　A. 人工燃气灶具　　　　　　　　B. 天然气灶具

C. 液化石油气灶具 D. 沼气灶具

E. 混合气灶具

5. 民用燃气灶由_____四部分组成。

 A. 点火系统   B. 燃烧系统

 C. 供气系统   D. 控制系统

 E. 辅助系统

6. 熄火保护装置在_____时，应能关闭燃烧器的燃气通路。

 A. 燃烧器未点燃   B. 燃气压力高

 C. 意外熄火   D. 火焰检测器失效

 E. 燃气压力低

7. 燃气灶具安全装置包括_____装置。

 A. 熄火保护   B. 饭锅温控

 C. 防止黄焰   D. 油温过热控制

 E. 防止漏气

8. 饭锅控温器动作 1 000 次后，_____。

 A. 油炸性能不变   B. 炒菜性能不变

 C. 焖饭性能不变   D. 煎包性能不变

 E. 气密性合格

9. 燃具的适应性是指当燃气性质有某些改变时，燃具不加任何调整，其_____的改变不超过某一极限，以保证燃具仍能维持正常的工作状态。

 A. 火焰特性   B. 火焰光谱

 C. 热负荷   D. 火焰传播速度

 E. 一次空气系数

10. 如果两种燃气具有相同的华白数，则在互换时就能保持相同的_____。

 A. 一次空气系数   B. 二次空气系数

 C. 过剩空气系数   D. 火孔热强度

 E. 热负荷

11. 家用燃气灶常采用_____。

 A. 小火点火   B. 高压点火

 C. 炽热丝点火   D. 引火棒点火

 E. 电火花点火

12. 目前，民用燃具常使用_____点火装置。

A. 炽热丝 B. 电脉冲

C. 手动 D. 间接

E. 压电陶瓷

13. _____不是压电陶瓷点火装置的失效原因。

 A. 胶管压扁、扭折或堵塞

 B. 气压太高造成气流速度太快，冲击电火花

 C. 电池电量不足

 D. 气源开关未开或气压不足

 E. 电池正负极装反

14. 电脉冲点火总成_____接触不良，会造成电脉冲点火装置点火失败。

 A. 微动开关 B. 风压开关

 C. 水压开关 D. 电磁开关

 E. 接地线

15. 常见熄火保护装置主要有_____。

 A. 光电式 B. 热敏电阻式

 C. 离子感应式 D. 热电式

 E. 双金属片式

16. 热电式熄火保护装置的缺点是_____、使用寿命短，且旋塞阀与电磁阀的安装配合精度要求较高。

 A. 反应速度快 B. 反应速度慢

 C. 安全可靠 D. 操作方便

 E. 热惰性大

17. _____锈蚀或有污物，将导致燃气灶熄火保护装置失效。

 A. 衔铁表面 B. 电磁阀电磁铁表面

 C. 连接部位表面 D. 电磁阀体表面

 E. 密封垫表面

18. 离子感应式熄火保护装置的失效原因包括_____。

 A. 检火回路地线松动或脱落

 B. 检火针与燃烧器接触

 C. 检火线脱落或检火线与检火针连接处有油污

 D. 热电偶与电磁阀连接处松动或连接不牢固

 E. 检火针位置不正确

19. 燃气灶过热保护装置一般采用_____元件。
    A．负温度系数热敏电阻   B．正温度系数热敏电阻
    C．易熔金属合金   D．双金属片
    E．热电偶

20. 燃气灶具检测控制温度的方法有_____等。
    A．双金属式   B．热电偶式
    C．离子感应式   D．热敏电阻式
    E．光电式

21. 燃气灶自动控制装置检修时，一般用_____等方法进行检查、分析和判断。
    A．仪器测   B．闻嗅
    C．试验   D．触摸
    E．目测

22. _____是燃气灶自动控制装置检修的主要内容。
    A．检查过热保护元件或电磁阀是否损坏
    B．检查过热开关是否变形，双金属片是否发生永久变形
    C．检查燃气系统是否漏气
    D．检查回火针与火焰的相对位置是否发生变化
    E．检查检火地线是否脱落或松动

23. 使燃气灶与_____相适应，是保证燃气灶正常使用，降低燃气安全事故的重要举措。
    A．气质成分   B．燃气热值
    C．燃气密度   D．燃气温度
    E．气源种类

24. 当燃气组分变化偏离设计范围时，燃具将会产生_____，轻则不能正常使用，重则危及使用人的生命安全。
    A．二氧化碳排放超标   B．一氧化碳排放超标
    C．过剩空气排放超标   D．熄火
    E．回火

25. 灶具的改装通常是更换_____。
    A．燃气喷嘴   B．燃烧器
    C．火盖   D．面板
    E．点火针

26. 燃烧工况及热负荷调整完毕需贴标签，标签的内容主要有_____。
   A. 热效率　　　　　　　　　　　B. 燃气热值
   C. 燃气种类　　　　　　　　　　D. 热负荷
   E. 燃气供气压力

27. 多功能燃气灶电气连接示意图用来表示_____的连接关系等。
   A. 微动开关与电源线　　　　　　B. 电磁阀与电源线
   C. 点火针与点火引线　　　　　　D. 检火针与检火引线
   E. 风压开关与电源线

28. 通过接线图的识读可以了解_____，避免在安装时造成接线失误。
   A. 各电气元件的连接关系　　　　B. 各连接线的颜色
   C. 各连接线的粗细　　　　　　　D. 各连接线的材质
   E. 各连接线相对应的接线端子

29. 燃气灶具的气源转换时，除需更换_____外，一般情况下灶具控制盒也需更换。
   A. 灶面　　　　　　　　　　　　B. 旋钮
   C. 燃烧器　　　　　　　　　　　D. 配气管
   E. 喷嘴

30. 更换灶具控制盒时，要_____，转换完毕一定要试火、试漏。
   A. 控制盒的耐温性
   B. 控制盒的密封性
   C. 接好地线
   D. 考虑燃气气质成分与控制盒的适应性
   E. 各连接件要连接牢固

31. 家用燃气灶维修后，功能核查的主要内容有_____功能核查等。
   A. 低压启动　　　　　　　　　　B. 燃气阀气密力
   C. 旋钮、按键　　　　　　　　　D. 熄火保护
   E. 耐用性

32. 熄火保护功能核查主要包括_____熄火保护功能核查等。
   A. 光电式　　　　　　　　　　　B. 离子感应式
   C. 压力式　　　　　　　　　　　D. 热敏电阻式
   E. 热电式

参考答案及说明

一、判断题

1. √。欧洲的家用灶具分为电灶和燃气灶两种,为追求厨房家电产品的总体搭配,即整体厨房观念,市场上基本以嵌入式灶具和落地式灶具为主。

2. ×。由于中国人的烹饪方式与西方不同,灶具的热流量要求较大,多为4.0 kW左右。

3. √。燃气灶具市场的发展方向是:高效节能、环保、安全、功能化和智能化。

4. ×。DZT 1000—A 表示天然气炊用大锅灶,锅的公称直径为1 000 mm,第一次改型。

5. ×。灶具熄火保护装置应满足:开阀时间≤15 s,闭阀时间≤60 s。

6. ×。接地端子或接地触点与接地金属部件之间的连接,应具有低电阻,接地电阻不应超过0.1 Ω。

7. √。饭锅温度控制装置的闭阀温度应为试验处水沸点的0.5~4.5℃以内。

8. ×。油温过热控制装置:油的最高温度≤300℃。

9. √。以一种燃气代替另一种燃气时,必须考虑互换性问题。

10. √。火焰特性是指产生离焰、黄焰、回火和不完全燃烧的倾向性,它与燃气的化学、物理性质有关。

11. √。小火点火是一种早期的简单点火装置,它由点火源向燃气混合物传递热量,来点燃燃气。

12. √。常用的电火花点火装置可分为压电陶瓷点火装置和电脉冲点火装置两种形式。

13. ×。点火喷嘴太大,气流过大,冲击电火花,造成压电陶瓷点火失败。

14. ×。电脉冲点火总成微动开关接触不良,会造成电脉冲点火装置点火失败。

15. √。常见熄火保护装置主要有双金属片式(又称热敏式)、热电式、离子感应式、光电式、热敏电阻式。

16. ×。热电式熄火保护装置的缺点是热惯性大、反应速度慢、使用寿命短,且旋塞阀与电磁阀的安装配合精度要求较高。

17. √。电磁阀电磁铁表面或衔铁表面锈蚀或有污物,将导致燃气灶熄火保护装置失效。

18. ×。检火针烧断后搭在燃烧器上,会产生不检火故障。

19. √。过热保护开关的执行元件是双金属片,当温度过高时,在热应力的作用下双金属片产生变形,推动开关断开。

20. √。燃气灶具检测控制温度的方法有双金属式、热电偶式等。

21. √。燃气灶自动控制装置检修时,一般用目测、仪器测和试验等方法进行检查、分析和判断。

22. ×。过热开关接合面不贴合或导热硅脂已经干涸,会发生自动控制装置失灵故障。

23. √。使燃气灶与气源种类、气质成分相适应,是保证燃气灶正常使用,降低燃气安全事故的重要举措。

24. √。当燃气组分变化偏离设计范围时,燃烧工况就会使燃烧器具不能正常工作。

25. √。灶具的改装通常是更换燃气喷嘴、燃烧器或火盖。

26. ×。改装和转换完成的燃气灶具,必须经过试火、试漏。

27. √。多功能燃气灶电气连接示意图用来表示设备各电气元件的连接关系。

28. √。通过接线图的识读可以了解各电气元件的连接关系、各连接线的颜色及相对应的接线端子,避免在安装时造成接线失误。

29. √。燃气灶具的气源转换时,除需更换喷嘴、燃烧器外,一般情况下灶具控制盒也需更换。

30. ×。更换灶具控制盒时,需考虑燃气气质成分与控制盒的适应性。

31. ×。点燃主燃烧器,数分钟后人为强行将火熄火,记下从熄火到熄火保护装置关闭的时间,熄火保护装置应在 1 min 内关闭。

32. √。在微型调压变压器上连接电源线,接通电源,将电压调至 187 V,开启燃气灶,若打火或电磁阀吸合正常,应判定灶具低压启动功能良好。

二、单项选择题

1. B 2. D 3. A 4. D 5. A 6. B 7. C 8. C 9. A
10. A 11. B 12. B 13. C 14. A 15. C 16. B 17. A 18. D
19. A 20. B 21. C 22. D 23. A 24. B 25. C 26. D 27. A
28. B 29. C 30. D 31. A 32. B

三、多项选择题

1. BE   2. AD   3. AB   4. ABC   5. ABCE   6. ACD
7. ABD 8. CE   9. ACD 10. AE   11. ACE   12. BE
13. CE 14. AE 15. ABCDE 16. BE 17. AB 18. ABCE
19. BCD 20. AB 21. ACE 22. ABDE 23. AE 24. BDE
25. ABC 26. CDE 27. ABCD 28. ABE 29. CE 30. CDE
31. DE   32. BE

第3章 燃气热水器的检修

考核要点

理论知识考核范围	考核要点	重要程度
燃气热水器检修基础知识	1. 容积式燃气热水器的分类、主要结构、工作原理、型号、规格及使用方法	★★
	2. 火孔燃烧能力、火孔热强度及火孔总面积的概念	★★★
	3. 恒温、冷凝式燃气热水器的工作原理	★★★
	4. 燃气热水器常规检测内容和方法	★★★
	5. 燃气具自动点火装置与安全控制装置在燃气具上的应用	★★★
回火、离焰、黄焰等故障的诊断和排除	1. 燃气热水器回火故障的原因分析	★★★
	2. 回火故障的原因分析和维修方法	★★★
	3. 火孔面积小，风机抽力过大等因素对离焰、脱火倾向性的影响	★★
	4. 热水器离焰、脱火故障的原因分析和维修方法	★★★
	5. 喷嘴直径过大，喷嘴与引射器喉部距离不合适（偏小）等因素造成的黄焰故障的原理分析	★★★
	6. 喷嘴直径过大，喷嘴与引射器喉部距离不合适（偏小）等因素造成的黄焰故障的原因分析和维修方法	★★★
开启水阀后主火不着故障的诊断和排除	1. 风压开关结构、工作原理及风压开关故障原因	★★
	2. 微动开关损坏或动作后未使微动开关闭合造成的主火不着故障的原因分析	★★★
	3. 微动开关损坏或动作后未使微动开关闭合造成的主火不着故障的诊断和排除方法	★★★
	4. 水气联动装置	★★★
	5. 水气联动装置（水膜阀、水流传感器、水流开关）失灵造成的主火不着故障的诊断和排除方法	★★★
	6. 燃气具电气接线图或控制流程图的识读方法	★★★

续表

理论知识考核范围	考核要点	重要程度
火小、水不热故障的诊断和排除	1. 球阀的主要结构及其在借管安装中的作用	★★
	2. 断水球阀关闭不严造成的热水不热故障的诊断和排除方法	★★★
	3. 水膜阀三通顶轴与水压调节阀的联动关系	★★★
	4. 皮膜产生微小裂纹造成热水器热水不热的原因分析	★★
	5. 皮膜产生微小裂纹造成的热水不热故障的诊断和排除方法	★★★
	6. 混水阀的使用方法	★★★
	7. 混水阀使用不当造成的热水不热故障的诊断和排除方法	★★★
关闭水阀后主火不灭故障的诊断和排除	1. 水膜阀左、右腔通道的作用	★★
	2. 水膜阀左、右腔通道堵塞造成的关闭水阀后主火不灭故障的诊断和排除方法	★★★
	3. 水磁浮子被卡死的主要原因	★★
	4. 水控开关水磁浮子卡死（卡在顶部）造成的关闭水阀后主火不灭故障的诊断和排除方法	★★★
	5. 干簧管发生短路的主要原因	★★★
	6. 水控开关干簧管短路导致关闭水阀主火不灭故障的诊断和排除方法	★★★

注：重要程度中，"★"为级别最低，"★★★"为级别最高。

重点复习提示

一、容积式燃气热水器的分类、主要结构、工作原理、型号、规格及使用方法

1. 容积式燃气热水器的分类

（1）按热水器结构可分为封闭式热水器和敞开式热水器。

（2）按使用燃气种类可分为天然气热水器、液化石油气热水器、人工燃气热水器。

（3）按使用功能可分为热水型热水器、采暖型热水器和两用型热水器。

（4）按安装位置可分为室内型热水器和室外型热水器。

（5）室内型热水器按给排气方式可分为自然排气式热水器和强制给排气式热水器。

2. 容积式燃气热水器的型号

代号	燃气种类	给排气方式	额定容积	—	安装位置	改型序号

举例：液化石油气烟道自然排气式额定容量为 80 L 室外安装型容积式燃气热水器用以下方式表示：

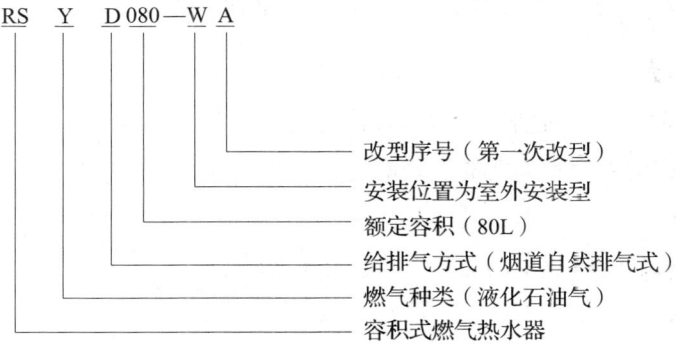

3. 容积式燃气热水器的规格

容积式燃气热水器一般以额定容积作为规格的分类，如 80 L、120 L、150 L、195 L 等。

4. 容积式燃气热水器的主要结构及工作原理

（1）容积式燃气热水器的主要结构。容积式燃气热水器主要由内胆、外筒、保温层、燃烧器、自控安全装置等部件组成。几乎所有家用热水器都用设在中心的单烟管，只有一些商用热水器才用多烟管。

（2）容积式燃气热水器的工作原理。冷水由顶部进入，通过进水管直抵内筒底部，而热水则从顶部引出。这样能避免顶部热水温度的降低。燃烧器为普通的多火孔大气式燃烧器。烟气与水的传热面为内胆底部和烟管。内胆由普通钢板卷成，敷以专门的搪瓷，以防腐蚀。插入为胆的阳极棒也是为了防止腐蚀。

老的产品均有长明火，新的产品趋向于减少长明火热负荷或予以取消，以节约燃气。控制装置包括电磁阀、手动开/关控制、点火燃烧器和主火燃烧器的调压站及恒温器。恒温器可设定水温，当水温下降约 20°F（11℃）时启动燃烧器重新加热。烟管中设有扰流器，以增加烟气扰动，加强传热，减低过剩空气系数。外壳用彩色钢板制成。内胆与外壳之间设有良好的保温层。

5. 容积式燃气热水器的使用方法

（1）完全打开进水开关。

（2）打开热水龙头，确认有水流出后再关闭热水龙头。

（3）插上电源插头。

（4）打开燃气阀门。

（5）设定热水温度。

（6）点燃容积式燃气热水器，火焰正常燃烧。

(7) 当温度达到设定温度时，机器自动停止燃烧。

二、火孔燃烧能力、火孔热强度及火孔总面积的概念

1. 火孔燃烧能力

火孔能稳定和完全燃烧的燃气量称为火孔的燃烧能力。通常用火孔热强度或燃气—空气混合物离开火孔的速度来表示火孔的燃烧能力。

2. 火孔热强度

单位面积火孔单位时间放出的热量，单位是 kW/mm^2。

3. 火孔总面积

燃烧器火孔的燃烧面积总和，单位是 mm^2。

$$火孔总面积 = 燃烧器热负荷/火孔热强度$$

三、恒温、冷凝式燃气热水器的工作原理

1. 恒温式燃气热水器的工作原理

接通电源，打开进水阀和进气阀，水流经过水量传感器，传感器内的磁性转子转动，位于传感器外部的霍尔元件感应后发出电脉冲，传至控制电路。当水量传感器中的转子的转速达到一定数值时（一般设定水流量达到 2 L/min 以上），控制电路对温度熔丝、防过热保护装置等安全装置、主气阀、风机和热水热敏电阻等进行检查，检查正常后风机通电开始旋转，随后点燃燃烧器。冷水经过热交换器被迅速加热成热水，从热水阀流出。热水温度由面板上的温度调节控制板进行设定，在热水器热交换器出口处安置了热敏电阻对热水进行测量，控制电路对两者温度进行比较，自动调节燃气阀门的开度，调节燃气流量，使出水温度达到恒定值。

恒温式燃气热水器的关键部件是比例调节阀。比例调节阀与主气阀虽然都是电磁阀，但是，两者的功能却有很大的差别。主气阀仅起到开关的作用，给它通电，气阀打开，燃气通过；断电后，气阀关闭。比例调节阀则不同，除了给它通电时气阀打开，断电时气阀关闭外，气阀的开启度随电磁线圈中通过的电流大小而变化。此外，比例调节阀中的橡胶膜片还起到稳压的作用，其原理与瓶装液化石油气调压器类似。当入口燃气压力升高时，橡胶膜片也往上部移动，使得球阀上升，气阀开度变小，燃气流动阻力变大，气阀输出压力下降，恢复到原来设定的值。燃气压力变小时的调节过程正好与此相反，但最后也会恢复到原来的设定值。这样，通过比例调节阀的稳压作用，使燃气供气压力在一定的波动范围内得到自动调节。其工作原理是这样的：当比例调节阀的电磁线圈流过控制电流时，它将产生一个电磁力，并且要让这个电磁力的方向与下部永磁体的磁场方向相反，互相排斥。因此，永磁体及

球阀在电磁线圈的磁力作用下将被推动往下移动，使气阀打开，有燃气输出。电磁线圈中流过的电流越大，排斥力就越大，气阀的开度就越大，输出量也越多，从而通过调节电磁线圈中的电流来调节气阀输出的燃气量。

2. 冷凝式燃气热水器的工作原理

普通热水器的排烟温度可以达到110℃以上，烟气带走大量的热量，所以普通热水器的热效率在80%～90%。之所以要将排烟温度控制在110℃，是为了防止烟气中的水分冷凝，冷凝水具有酸性，会对热水器的内部结构产生腐蚀，同时也会污染环境。

冷凝式燃气热水器的主要特点是其燃烧产物烟气不仅放出显热，而且使烟气中的水蒸气凝结，放出汽化潜热，从而充分利用烟气热能，提高热水器热效率。当烟气与低于烟气中水蒸气露点温度的交换器表面接触时，烟气中的水蒸气凝结。水蒸气凝结量取决于水蒸气分压、热水器出水温度和烟气的冷却温度。

从结构上来看，冷凝式燃气热水器与普通热水器的主要区别在于：增设了一个二级换热器（冷凝式燃气换热器）或者增大了换热器面积。由于冷凝水的析出，要求换热器的材料能耐冷凝水的腐蚀。

冷凝式燃气热水器的工作流程：燃气通过阀门与空气混合进入燃烧室燃烧，燃烧产物烟气通过一级换热器和二级换热器将热量传给水。烟气在一级换热器中主要放出显热，温度降至100℃左右后进入二级换热器，烟气进一步冷却，并在交换器表面低于烟气中水的露点温度下，烟气中的水蒸气冷凝析出，放出潜热，烟气出口温度进一步降低至40℃左右。要求二级换热器能够防止水蒸气冷凝液的腐蚀。冷凝液通过下部的冷凝液收集器排至器外，或经过处理排至下水道。

四、燃气热水器常规检测内容和方法（见表1—7）

表1—7　　　　　　　　　燃气热水器常规检测内容和方法

项目	性能要求	试验方法
燃气系统气密性	①通过燃气通路的第一道阀门漏气量应小于0.07 L/h	被测燃气阀门为关闭状态，其余阀门打开，逐道检测。在燃气入口连接检漏仪，通入4.2 kPa空气，检查其泄漏量是否符合要求
	②通过其他阀门漏气量应小于0.55 L/h	
	③燃气进气口至燃烧器火孔应无漏气现象	点燃全部燃烧器，用肥皂液、检漏液或者检查火检查燃气进口至火孔前各连接部位是否有漏气现象

续表

项目			性能要求	试验方法
热负荷			折算热负荷与额定热负荷偏差应不大于10%	热水器点燃15 min后用气体流量计测定燃气流量。气体流量计指针走动一周以上的整圈数，且测定时间应不少于1 min，将实测的燃气耗量换算成标准状态下干燥时的折算热负荷
燃烧工况	火焰传递		点燃一处火孔后，火焰应在2 s内传遍所有火孔，且无爆燃现象	点燃主火燃烧器一处火孔后，记录火焰传遍所有火孔的时间和目测有无爆燃现象
	火焰状态		火焰应清晰、均匀	主火燃烧器点燃后，目测火焰是否清晰均匀
	黑烟		火焰应不产生黑烟	热水器运行后，目测燃烧是否有黑烟
	火焰稳定性		不发生回火、熄火及妨碍使用的离焰现象	冷态点燃主火燃烧器后，目测是否有妨碍使用的离焰现象，15 s后，目测是否有熄火现象，点燃20 min，目测火焰是否回火
	燃烧噪声		≤65 dB	点燃全部燃烧器，用声级计检测
	熄火噪声		≤85 dB	热水器运行15 min后，迅速关闭燃气阀门，用声级计检测
	接触黄焰		正常使用时电极与热交换器部位不得接触黄焰	热水器稳定运行后，目测有无黄焰存在。在任意1 min内，电极或热交换器连续接触黄焰在30 s以上时，为电极或热交换器接触黄焰
	烟气中一氧化碳含量		自然排气式、强制排气式≤0.06% 自然给排气式、强制给排气式、室外式≤0.10%	热水器运行15 min后，用烟气取样器取样，用烟气分析仪测出烟气中一氧化碳等组分
	排烟温度		110～260℃	将燃气阀门开至最大，连续运行15 min，在热水器的排气口处或热交换器上方测定
安全装置	熄火保护装置	开阀时间	小火控制不大于45 s	热水器正常运行，然后停止运行，通入冷水进行冷却，当所有部件冷却至接近室温后，重新进行点火。分别在小火燃烧器和主火燃烧器点燃的同时，用秒表测定开阀时间
			主火控制不大于10 s	
		闭阀时间	小火控制不大于60 s	热水器运行15 min后，关闭燃气阀，火焰熄灭后，用秒表测定闭阀时间
			主火控制不大于10 s	

续表

项目		性能要求	试验方法
安全装置	烟道堵塞安全装置	应在 5 min 以内关闭通往燃烧器的燃气通路，且不能自动再开启；在关闭之前应无熄火、回火、影响使用的火焰溢出及妨碍使用的离焰现象	分别测定从堵塞排气口和强制停止风孔时至燃气通路关闭的时间，同时检查燃气通路能否自动打开；安全装置动作，关闭通往燃气通路前，以目测法检查有无熄火、回火、影响使用的火焰溢出及妨碍使用的离焰现象
	风压过大安全装置	风压在 80 Pa 以前安全装置不能动作。在产生熄火、回火、影响使用的火焰溢出及妨碍使用的离焰现象之前，关闭通往燃烧器的燃气通路	调节挡板使调压箱内压力徐徐上升，以目测安全装置动作以前，燃烧器有无熄火、回火、影响使用的火焰溢出及妨碍使用的离焰现象，检查安全装置是否在 80 Pa 以前动作，动作后燃气通路是否关闭
	防过热安全装置	动作温度应不大于 110℃，动作后，关闭通往燃烧器的燃气通路，且不应自动开启	人为地使出水温度慢慢升高，当防过热安全装置动作时，检查通往燃烧器的燃气通路是否关闭，测定其动作温度；当温度恢复到正常温度时，检查通往燃烧器的燃气通路是否自动开启
	泄压安全装置	开阀水压小于水路系统的耐压值	给热水器通水，在其充满水的状态下关闭供热水出口，然后从进水入口缓慢加压，在达到水路系统耐压值之前检查安全装置是否动作，泄压值应高于最高适用水压
	自动防冻安全装置	在冻结前安全装置起作用	将热水器安装在低温试验箱内，缓慢降低温度，检查安全装置是否在温度降到 0℃ 之前动作
热效率		不小于 84%	燃气阀门开至最大位置，调节出水温度比进水温度高 40℃±1℃，热水器点燃 15 min 后用气体流量计测定燃气流量，计算出放热量；通过出水量计算出吸热量，吸热量除以放热量即为热效率
热水产率		不小于额定产热水能力的 90%	通过折算热负荷和热效率计算出温差 25℃ 时的产热水能力

五、燃气具自动点火装置与安全控制装置在燃气具上的应用

1. 自动点火装置

应用于各类燃烧设备上的自动点火装置的形式很多，常用的主要有以下三种：

（1）电火花点火。电火花点火即利用点火装置产生的高压电在两电极间隙产生的电火花来点燃燃气。目前在民用燃具上使用的几乎都是电火花点火方式。

电火花点火装置可分为单脉冲点火装置和连续电脉冲点火装置两种形式。

1）单脉冲点火装置。所谓单脉冲点火装置是指每操作一次燃具点火开关，点火装置只产生一个电脉冲火花。主要用于小负荷的民用灶具和热水器。单脉冲点火装置可分为压电陶瓷和电子线路两种。压电陶瓷点火装置是利用压电材料受压时在其表面产生电荷，电荷量与所受压力成正比。压电陶瓷是一种具有非常高压电系数的压电材料。电子线路单脉冲点火器是利用电子线路产生一个高压的点火装置。

2）连续电脉冲点火装置。连续电脉冲点火装置是指当按下燃具点火开关时，点火装置可以连续不断地放出电脉冲火花。这种点火装置与单脉冲点火装置相比，其优点是操作方便，点火着火率高，可以达到100%。主要用于燃气热水器。

（2）炽热丝点火。利用电流将电阻丝加热至炽热状态，使通过它的可燃混合气流被点燃。由于可以实现对气流的连续点火，因此点火可靠。

（3）小火点火。大流量气流增大了散热，致使初始火焰中心不易形成。在功率较大的各类工业燃烧器上，往往采用小火点火的方式，即先利用电火花或炽热丝等方式点燃燃气流量较小的点火燃烧器，形成小的燃烧火焰，然后再利用小火焰较容易地实现对主气流的点火。

2. 安全控制装置

在燃气应用设备上安装安全自动保护装置的目的，是保证燃气燃烧的安全性及可靠性，发生异常现象时能及时切断燃气，以避免发生事故。

热电式熄火保护装置是以热电偶为火焰传感元件、电磁阀为执行元件所组成的装置。当热电偶感知火焰意外熄灭时，电磁阀就自动切断燃气通路。热电式熄火保护装置主要有直接关闭式和隔膜阀式两种。

（1）直接关闭式熄火保护装置。在使用中长明火种熄灭或其他原因造成热电偶感热部分温度下降，导致热电偶产生的电流降低到一定值时，电磁阀的铁芯和衔铁脱离，在弹簧力的作用下，电磁阀的密封垫切断燃气通路。

（2）隔膜阀式熄火保护装置。其工作原理基本同直接关闭式，唯一的不同之处是利用塑料隔膜来切断气路。

热电式熄火保护装置的缺点是：热电偶的热惯性较大，尤其是在有辐射热的炉膛中，熄

火后很久也不会冷却，因此负荷较大的工业燃烧器上很少使用。

六、燃气热水器回火故障的原因分析

1. 燃气的燃烧速度

垂直于燃烧焰面，火焰向未燃烧气体方向传播的速度称为燃烧速度。燃烧速度不仅对火焰的稳定性有很大的影响，而且对燃烧方法的选择及燃具的安全使用也有实际意义。燃气的燃烧速度和燃气与空气的混合比例、燃气组分、温度、混合速度、混合气体压力有关。

2. 火焰的稳定性

火焰稳定主要指火焰在燃烧过程中既不回火，也不离焰脱火。火焰的稳定条件是由火孔气流速度和火焰的燃烧速度比较来决定的。若取沿火孔横截面上气流的速度按抛物线分布来看，火孔中心气流速度最大，至火孔壁处降为零。而燃烧速度，在部分前焰面上都可以认为不变化，只在孔壁处，由于孔壁对火焰的熄灭作用，燃烧速度才显著降低，在孔壁处即为零值。当火孔出口流速低于某一值时，距孔壁不远处的气流速度会小于火焰传播速度，此时火焰会缩入火孔，发生回火，这时火孔出口速度即为回火极限。随着火孔出口速度的增加，火焰将会拉长，在该火焰前焰面上任一点，其法向分速度等于燃烧速度，火焰即保持稳定。当火孔出口速度增大至某一数值时，火焰显著升高，根部会卷入过多的二次空气，冲淡燃气浓度，加强了火焰根部的冷却作用，火焰传播速度降低，从而出现离焰。火孔出口速度继续增大，就会发生脱火。根据以上情况来看，火焰的稳定性主要和火孔边缘，即火孔根部的情况有关，火孔直径越大，管壁向周围的散热越小，火焰传播速度就越大，脱火极限就越高；反之，火孔直径越小，孔壁向周围的散热越大，回火的可能性越小。

3. 回火故障的原因分析

回火是燃气成分比例、压力发生改变，灶具设计、加工、装配不合理引起的现象，根据火焰传播及燃烧稳定理论可知，火孔尺寸越大，火焰传播速度越快，越容易回火。火孔尺寸越小，火焰传播速度越慢，越容易脱火。人工燃气的氢含量高，火焰传播速度快，主要需防止回火，故应采用较小的火孔尺寸。天然气及液化石油气的火焰传播速度慢，主要需防止脱火，故采用较大的火孔尺寸。但是，为了防止污染及堵塞，火孔直径不宜小于 2 mm。此外，火孔周围环境出现正压时，容易造成回火。燃气与空气混合气体预热温度较高时，燃烧速度随温度而增加，易出现回火。火孔材料导热性能越差，越易回火。火孔出口流速分布不均匀或出现旋涡时，易造成流速小于燃烧速度而回火。如强烈的二次空气扰动，既易导致回火也易导致脱火。燃气与空气混合气体在火道中燃烧时，燃烧器混合管内气体与火道内气体发生共振现象时易引起回火。

常用的防止回火方法如下：

(1) 冷却燃烧器头部，降低燃气和空气的温度，从而降低燃烧速度以防止回火。

(2) 把火孔孔径缩小，使气流速度增加；或在火孔处设置耐热金属网（栅格）。

(3) 把火孔做成收缩状，并提高加工精度和表面粗糙度，保证速度分布均匀。

(4) 将燃气净化，避免污垢堵塞火孔而造成气流速度降低。

(5) 选择正确的设计参数。

4. 燃气热水器回火故障的原因分析

有些热水器在使用一段时间以后，会发生回火现象，其原因如下：

(1) 燃气的成分比例发生变化，使燃气成分中燃烧速度加快的组分（如氢等）增加；压力过低使燃气流速过慢。这两者都使燃烧速度大于气流速度，造成回火。

(2) 设计不合理，火孔热强度不符合要求，有的火孔总面积大，单火孔面积大，使火孔热强度低。

(3) 燃气中的杂质造成热水器喷嘴堵塞（特别是人工燃气），火孔热强度降低。

(4) 喷嘴与引射管的角度不当。

因此，如果热水器设计合理，及时调整一次空气吸入量、清除火孔和喷孔杂质，在气源太差的时间段不用热水器，是可以避免回火的。

七、回火故障的原因分析和维修方法

热水器造成的回火故障，可参照表1—8进行原因分析和维修。

表1—8　　　　　　　　热水器回火故障原因分析与维修方法

故障原因	原因分析	维修方法
燃气压力过低	用气高峰时供气压力过低，燃气调压器、燃气流量计选配不当造成截流，燃气管线堵塞	①调节燃气压力（自管户） ②检查各管线、阀门、流量计是否有截流现象
喷嘴与引射管角度不当	喷嘴与引射管、燃烧器连接松动	用旋具或者专用工具打开前壳，紧固喷嘴和引射管，点燃热水器，热态运行20 min后观察是否回火
热水器喷嘴堵塞，火孔热强度降低	热水器在使用一段时间以后，由于燃气中含有部分杂质，堵塞燃气喷嘴，造成热水器火孔热强度降低，引起回火现象	用旋具或者专用工具打开前壳，用扳手取出燃烧器和喷嘴，用针或钻头疏通各喷嘴并在孔中晃动。将燃烧器和喷嘴安装固定到热水器当中，点燃热水器，运行至少20 min，观察热水器是否回火
单火孔面积大，火孔热强度低	热水器设计误差或者燃气组分发生变化	用扳手取下燃烧器，更换原厂设计适用于所用燃气的燃烧器组件（火孔面积小）。将燃烧器和喷嘴安装固定到热水器当中，点燃热水器，运行至少20 min，观察热水器是否回火

八、火孔面积小，风机抽力过大等因素对离焰、脱火倾向性的影响

1. 热水器燃烧时的离焰和脱火现象

离焰是火焰根部离开火孔一段距离，飘在燃烧器上方燃烧的现象；脱火是火焰离开火孔的距离更大一点，直至完全脱离火孔的现象。造成离焰和脱火的原因与造成回火的原因相反，即由于燃气与空气的混合气从火孔喷出的流速超过火焰传播速度而发生的。离焰、脱火与回火一样破坏了正常的燃烧工况，造成了火焰熄灭，使燃气泄漏出来，很容易发生爆炸着火事故，因此必须防止离焰和脱火。

2. 热水器离焰和脱火故障的原因分析

离焰和脱火是由于燃气与空气的混合气从火孔喷出的流速超过火焰传播速度而发生的，因此造成热水器离焰和脱火故障的主要原因如下：

(1) 燃气压力过高，使燃气流量增加，同时也增大了混合气从燃烧器火孔喷出的速度。

(2) 一次空气量太大，会增加混合气喷出的速度，容易引起离焰和脱火。

(3) 热水器在使用一段时间以后，燃烧器火孔会被部分堵塞，造成火孔面积减小，或者由于热水器设计加工问题造成火孔面积小，增加混合气喷出的速度，引起热水器离焰和脱火。

(4) 火孔周围风速大、温度低，降低火焰传播速度，造成热水器离焰和脱火。

3. 防止脱火和离焰的方法

(1) 利用火焰稳定器，使气流产生旋转或降低速度，达到新的动力平衡。

(2) 利用火焰加热火道、网格或其他耐火材料，从而获得高温表面。

(3) 采用阻力较大的稳焰孔，在主火孔的侧方、下方或上方形成一些出口流速较小的稳定的辅助火焰，增加对主火焰根部的加热，也就防止了脱火。

九、热水器离焰、脱火故障的原因分析和维修方法

热水器离焰、脱火故障的原因分析和维修方法见表1—9。

表1—9　　　　　热水器离焰、脱火故障原因分析和维修方法

故障原因	原因分析	维修方法
燃气压力过高	燃气供气压力不正常	调节燃气压力（自管户）
一次空气量太多，增加混合气喷出的速度	热水器引射管与喷嘴结构不合理，风机抽力过大	安装限流环或挡板
热水器燃烧器堵塞，火孔面积减小	热水器在使用一段时间以后，燃气燃烧产生的积炭等堵塞燃烧器火孔	清理燃烧器
燃烧器火孔面积小	热水器设计误差或者燃气组分发生变化	更换燃烧器组件

十、喷嘴直径过大，喷嘴与引射器喉部距离不合适（偏小）等因素造成的黄焰故障的原理分析

1. 燃气燃烧原理

燃气是各种气体燃料的总称，通常由一些单一气体混合而成，其组分主要是可燃气体（如碳氢化合物、一氧化碳、氢、硫化氢），同时也含有一些不可燃气体（如氮、二氧化碳等）。气体燃料中的可燃成分在一定条件下与氧发生激烈的氧化反应，并产生大量的热和光的物理化学反应过程就是燃烧。

燃烧必备的条件是：燃气中的可燃成分和空气中的氧气需按一定的比例呈分子状态混合；参与反应的分子在碰撞时必须具有破坏旧分子和生成新分子所需的能量；具有完成反应所必需的时间。

燃气燃烧后的产物就是烟气。燃气完全燃烧生成的烟气组分是二氧化碳、二氧化硫、氮氧化物、氮和水，当不完全燃烧时除以上气体外还含有一氧化碳、甲烷和氢等。

燃气完全燃烧时的火焰呈浅蓝色，内外锥轮廓清晰，温度较高。但当不完全燃烧时，火焰呈黄色，即产生了黄焰。黄焰软弱无力，温度较低，容易形成积炭，而且生成的烟气中会产生一氧化碳气体，一氧化碳是一种有毒气体，少量吸入会危害人身健康，过量吸入会造成人体窒息死亡。因此，对热水器的黄焰故障应有足够的重视。

2. 大气式燃烧器的构造及工作原理

热水器多采用大气式燃烧的方式。大气式燃烧器的工作原理是：燃气在一定压力下，以一定流速从喷嘴流出，进入吸气收缩管，燃气靠本身的能量吸入一次空气。在引射器内燃气和一次空气混合，然后，经燃烧器火孔流出，进行燃烧。

大气式燃烧器包括以下组件：

（1）引射器。其作用：一是以高能量的燃气引射低能量的空气，并使两者混合均匀；二是在引射器末端形成所需的剩余压力，用来克服气流在燃烧器头部的阻力损失，使燃气和空气的混合物在火孔出口获得必要的速度，以保证燃烧器稳定工作；三是输送一定的燃气量，以保证燃烧器所需的热负荷。引射器由喷嘴、吸气收缩管、一次空气吸入口、混合管和扩压管组成。其中喷嘴的作用是输送所需的燃气，并将燃气的势能转变成动能，依靠引射的作用引射一定量的空气。在安装喷嘴时，其出口截面到引射器的喉部应有一定的距离，否则将影响一次空气的吸入。喷嘴出口截面与引射管喉部的距离越近，引射的一次空气量就越少；反之，引射的空气量就越多。

（2）燃烧器头部。其作用是将燃气和空气的混合物均匀地分布到各火孔上，并进行稳定和完全的燃烧。

3. 热水器黄焰故障的原因分析

从燃烧原理可以看到，黄焰是由于燃气不完全燃烧产生的。一次空气和二次空气供给不足，或者燃气和空气混合不均匀是造成不完全燃烧的主要原因。从大气式燃烧器的原理可以看出，喷嘴越大，输送的燃气就越多，完全燃烧需要的空气量就越大，否则会造成不完全燃烧。喷嘴截面与引射器喉部的距离越近，一次空气的摄入量就越少，也容易造成不完全燃烧。另外由于热水器常年使用，燃烧器火孔、热交换器被积炭堵塞，二次空气量减少，也会造成黄焰故障。

十一、喷嘴直径过大，喷嘴与引射器喉部距离不合适（偏小）等因素造成的黄焰故障的原因分析和维修方法

热水器产生黄焰故障的原因分析和维修方法见表 1—10。

表 1—10　　　　　　　热水器产生黄焰故障的原因分析和维修方法

故障原因	原因分析	维修方法
燃烧器、热交换器火孔堵塞	热水器长期使用，造成燃烧器和热交换器积炭堵塞	清理燃烧器和热交换器
喷嘴直径过大，喷嘴与引射器喉部距离不合适	热水器设计误差或者燃气组分发生变化	更换喷嘴或安装配气管和燃烧器总成

十二、风压开关结构、工作原理及风压开关故障原因

从目前燃气热水器的发展趋势来看，已逐渐朝着自动化、人性化和安全性发展，热水器的误操作或者保护装置故障都会使热水器无法启动运行，因此造成热水器无法启动的故障原因往往是安全保护装置发生故障。

风压开关是热水器烟道堵塞安全装置和风压过大安全装置的关键部件。

风压开关由导气管、压差盘、微动开关、弹簧推杆和动作压力调节螺钉等组成。其工作原理是风机没工作时，压差盘两侧压力处于平衡状态。弹簧推杆在弹簧力的作用下压迫微动开关，使其处于断开状态；当风机工作时，由于风机抽风的作用使压差盘的上侧呈负压状态，下侧压力腔内的正压推动阀膜使弹簧推杆向上运动，释放微动开关的触点，使微动开关接通，输出信号给控制器，达到风压检测的目的，风压的动作压力是通过风压检测开关上部的动作压力调节螺钉来调节的。当烟道堵塞或者烟道倒灌风时，压差盘上下侧压力趋于平衡状态，从而关闭燃气热水器。

当风压开关损坏或者采压管破损脱落，会造成热水器不启动，其表现为当通水时，热水

器风机启动，但是无脉冲点火，有部分类型的热水器根本不启动。

如果是采压导管破损、脱落或采压导管弯折不通气、管内有冷凝水，可通过处理或更换采压导管的方式排除故障，如果是风压开关损坏则必须更换风压开关。

十三、微动开关损坏或动作后未使微动开关闭合造成的主火不着故障的原因分析

燃气热水器的基本工作原理是冷水进入热水器，流经水气联动阀，在流动水的一定压力差值作用下，推动水气联动阀门，并同时推动直流电源微动开关将电源接通并启动电脉冲点火器，与此同时打开燃气输气电磁阀门，通过电脉冲点火器继续自动再次点火，直到点火成功进入正常工作状态为止，此过程持续 5~10 s，当燃气热水器在工作过程或点火过程出现缺水或水压不足、缺电、缺燃气、热水温度过高、意外吹熄火等故障现象时，电脉冲点火器将通过检测感应针反馈的信号，自动切断电源，燃气输气电磁阀门在缺电供给的情况下立刻恢复原来的常闭状态。也就是说此时已切断燃气通路，关闭燃气热水器起安全保护作用。

可见，微动开关与水气联动阀门一起，组成了热水器的自动点火系统，当水进入水阀时，皮膜由于受到水的压力而向顶片传递压力，顶片上面的弹簧在压力传递过程中打开微动开关使控制器和电磁阀开始工作。从而实现了热水器的安全点火程序。微动开关发生故障或者动作后未使微动开关关闭，都会引起热水器点火不着。

十四、微动开关损坏或动作后未使微动开关闭合造成的主火不着故障的诊断和排除方法

由于微动开关与水气联动阀门一起，组成了热水器的自动点火系统，因此当微动开关发生故障或微动开关安装不合适时，会导致热水器不点火。对于微动开关损坏的热水器需更换微动开关，对于微动开关安装不当的热水器可通过调整微动开关座拨片（杠杆）的位置排除故障。

十五、水气联动装置

热水器在使用中若遇停水，必须立刻用自动开关把燃气关闭，不然就会空烧，损坏热水器里的换热器和水箱。为了保护热水器，采用了水气联动装置。

压差式水气联动装置靠水的压力或水流过文丘里管形成的压力差把燃气阀打开，一旦停水，这个压力或压力差消失，燃气阀就关闭了。

压差式水气联动装置的关键部件就是文丘里管（venturi tube）。文丘里管为一个两头粗中间细的管件，在中间截面积最小的部位开有一个小孔。流体进入经过喇叭口后收缩，进入

截面积最小处后又逐渐扩张。这时，截面积最小口处的压力低于喇叭口前的压力；而当流体停止流动时，两者的压力一样。在直管中，流体的流动速度是一样的，但当截面积变小时，流体的流动速度会加快，截面积越小流速越快。流体力学中的伯努利原理说明"流速大，压力小"。在以上的管子中，截面积最小的地方也就是压力最小的地方。并且，流体流动的速度越快，此处的压力与直管处相比就越小。

水气联动装置的左侧为气阀，右侧为水膜阀，内有薄膜，中间通过一根联动杆连接。水进入水膜阀后，水膜阀中的薄膜在水压的作用下向左移动，并通过联动杆推开联动气阀，同时联动杆在移动中又接通了微动开关，通过控制电路打开电磁阀，将燃气通入燃烧器，同时发出点火信号，点燃燃烧器。若关闭水截门，压力差消失，水膜阀内的薄膜向右移动，联动杆在弹簧作用下关闭气阀，同时微动开关的接点断开，关闭电磁阀。如果不是停水而是出水截门关闭，同样也没有压力差，也会关气熄火，以免烧坏换热器。下次再用热水时，一旦打开出水截门，水流压力差的出现又会把燃气阀打开。

十六、水气联动装置（水膜阀、水流传感器、水流开关）失灵造成的主火不着故障的诊断和排除方法

水气联动装置（水膜阀、水流传感器、水流开关）一旦发生故障，会造成主火不着的现象。对于压差式水气联动装置一般是文丘里管松动或者堵塞造成的，通过疏通文丘里管或更换文丘里管来排除故障，也可能是水膜阀的皮膜破裂造成的，可采取更换皮膜的措施排除故障。对于水流传感器水气联动阀，一般是霍尔传感器或水轮阀故障，可通过更换霍尔传感器或水轮阀进行维修。对于水流（磁）开关的故障一般是水磁浮子卡死或干簧管损坏，需更换水磁浮子或干簧管。

十七、燃气具电气接线图或控制流程图的识读方法

1. 热水器的控制流程图

热水器控制流程框图的图形符号可按《信息处理 数据流程图、程序流程图、系统流程图、程序网络图和系统资源图的文件编制符号及约定》（GB 1526—1989）规定处理。

热水器的控制工作流程图应包括从手动投入运行，到热水器运转结束的整个工作流程、各部件的动作次序序号，动作判定基准值和故障点的代码。

热水器控制流程框图中，带圆圈的阿拉伯数字代表重要的动作序号；图框内的中文注释代表工作内容；显示框内的文字是显示内容的代码。

热水器控制流程图各种图框、图符的含义如下：

（1）手动操作，表示启动、结束、暂停或中断时，用梯形图表示，也可用两边是椭圆

的矩形表示。

(2) 自动工作的部件或指示灯，表示各种处理功能时，用矩形框表示。

(3) 判断比较用棱形框表示。

(4) 信息和故障显示以左侧为椭圆的矩形来表示，图中数字代表故障代码。

(5) 时间和基准值用矩形框来表示，基准值和时间应写在框内左侧。

(6) 瞬间连续动作的部件用连续矩形框表示。

(7) 有时间关联的间隔动作，用竖线隔开的连续矩形框表示；时间可注在框右侧括号内。

(8) 有时间关联的间隔动作，在矩形框右侧注。

(9) 有时间关联的间隔动作，在方向线下注几秒后进行下一个动作。

(10) 工作框图中重要的动作序号应标在流程框图的左面，以带圆圈的阿拉伯数字来表示。

(11) 电气接线图中与部件和线路板对应的端子，应分别用Ⓐ、Ⓑ、Ⓒ等表示。

(12) 相应端子的配线颜色应标示清楚，配线颜色应符合《综合布线系统工程设计规范》(GB 50311—2007) 和《综合布线系统工程验收规范》(GB 50312—2007) 的规定。

(13) 部件名称和特殊功能应在图中标示，不仅要用符号表示部件，还要用中文标注部件名称。

(14) 不同部件的图形符号，应符合现行国家标准《电气简图用图形符号》的规定要求。

2. 热水器的电气接线图

当热水器发生故障时，可以根据测量各地点的电阻、电压、电流来判定哪个部位发生了故障。表1—11 为各测试地点示例。

表1—11　　　　　　　　　　　测定地点示例

序号	地点		判定	上格：电压
	端子	线色		下格：电阻、电流
①	Ⓒ	黑－灰		DC 6.0~10 V
②	Ⓐ	黑－黑		DC <1 V
				<1 MΩ
③	Ⓑ	黑－黑		DC <1 V
				<1 MΩ
④	Ⓑ	白－白		20℃：48~57 kΩ
				40℃：21~28 kΩ

续表

序号	地点		判定	上格：电压
	端子	线色		下格：电阻、电流
⑤	Ⓓ-Ⓖ	白-白		<0.1 μA
⑥	Ⓕ	黑-黑		AC 30~70 V
				15~25 Ω
⑦	Ⓕ	黄-蓝		DC 10~17 V
	Ⓕ	红-蓝		DC 2~4 V
⑧	Ⓓ-Ⓖ	黄-绿		DC 10~17 V
⑨	Ⓕ	桃-蓝		DC 8~10 V
				1~2 kΩ
⑩	Ⓕ	桃-蓝		DC 80~100 V
				1~2 kΩ
11	Ⓕ	橙-橙		DC 10~45 V
				1~2 kΩ
12	Ⓓ-Ⓖ	白-绿		AC 60~120 V
	Ⓓ	白-白		0.8~4.0 μA

注：①序号是热水器工作流程框图中的重要动作序号。

②端子的字母是燃具电气接线图中的端子符号，这些端子在设计时，最好不要使其连在一起，分开这些端子的目的是防止安装时的接线失误。

③线色代表相应端子或线路板上的导线颜色。

④判定格内为检查点的基准值，有的分为两小格，上格为电压，下格为电流或电阻。

需要强调的是，设计好工作流程框图、电气接线图和故障控制点参考图，不仅方便检查、检修，而且这些也是燃具安全设计的内容之一。通过对各地点电压、电流、电阻的测定，可迅速判断出热水器的故障，从而简化了维修过程。

如果热水器不能启动，则应系统检查各端子上的电压、电流和电阻是否在正常范围内。

若显示故障代码或有指示灯显示时，则可更为直观和方便地检查。

一般应根据热水器工作流程图中的序号和端子符号，按故障控制点图逐步检查。首先检查其端子处电压值是否在允许范围内，如果在允许范围内，则应测量其端子处的电阻值，进而判定其是电气断线事故还是机械事故；如果端子处电压值不在允许范围内，还应测量该端子处的电阻值，进而判定是电气部件短路还是线路板有问题。

十八、球阀的主要结构及其在借管安装中的作用

1. 球阀的主要结构

球阀是用带有圆形通道的球体作为启闭件，球体随阀杆转动实现启闭动作的阀门。主要由上轴承、下轴承、球体、阀体、阀座、阀杆和弹簧等部件组成。阀座与球体的密封是依靠弹簧和流体压力实现的，阀座最常用的材料为聚四氟乙烯。在各种阀门中具有密封性好、开关迅速、流体阻力小等优点。但是随着使用年限的增加，有些球阀的阀杆与球体会脱节，当阀杆旋转90°时，球体不能旋转90°，导致球阀关闭不严。

2. 热水器的借管安装

所谓热水器的借管安装是冷水通过冷水阀门进入热水器，从热水管流出进入浴室，在冷水管与热水管之间安装断水球阀。当不使用热水器时，关闭冷水阀门，打开断水球阀，这样冷水就直接通过断水球阀进入浴室。当需要洗浴或热水时，打开冷水阀门，同时关闭断水球阀，这样冷水经冷水阀门进入热水器，经加热后从热水管流入浴室。这种安装方式的优点是安装简单、节省管材，缺点是操作较为复杂，断水球阀损坏后更换较麻烦。如果断水球阀关闭不严，冷水就会经过断水球阀与热水混合进入浴室，从而导致热水不热。

十九、断水球阀关闭不严造成的热水不热故障的诊断和排除方法

热水器水温调节阀调至高温位置，感觉水温和水流情况，若水温水流变化不大，确认为断水球阀关闭不严造成的热水不热故障，可通过更换球阀排除故障。

二十、水膜阀三通顶轴与水压调节阀的联动关系

在水膜阀三通顶轴的右端（右腔）有一个水压稳定装置，它紧贴在与大顶盘接触的皮膜上。当水压增高，进水量加大时，顶轴势必向左侧移动较多，但这样就使得水流入右腔入口的开度变小。反之，水压降低，进水量变小时，三通顶轴的左移距离变小，这将加大水流往右腔入口的开度。因此，在一定程度上起到了稳定水压的作用。而皮膜、顶盘、顶轴向左移动主要靠右腔与左腔的压力差，压力差越大，向左移动距离越大，气阀开度越大；反之，移动距离越小，气阀开度越小。

二十一、皮膜产生微小裂纹造成热水器热水不热的原因分析

当皮膜产生微小裂纹以后，右腔与左腔的压力差减小，水膜阀三通顶轴克服弹簧的作用力向左移动的距离减小，使气阀的开度减小，减少了通往主燃烧器的燃气流量，同时皮膜顶盘阻止了水压调节阀顶轴的向左移动，削弱了稳压作用。当水压增大时，水压调节阀顶轴应

向左移动，使水流入口开度变小，燃气入口开度增大，但此时由于右腔与左腔的压力差减小，向左移动的距离减小，使得燃气入口开度变小，水流入口开度不能变小，从而影响了热水加热效果，造成热水器的热水不热。

二十二、皮膜产生微小裂纹造成的热水不热故障的诊断和排除方法

开启热水器，用手感觉热水出口水温及水流情况并观察火焰高度，若水温较低，水流较大，火焰高度比正常稍低，可确认是由于皮膜产生的微小裂纹造成的故障。若为皮膜产生微小裂纹造成的故障，火焰会比正常的小；若为断水球阀造成的故障，火焰高度不会降低。

二十三、混水阀的使用方法

混水阀是将冷水和热水按不同比例混合后排出的阀门，冷水和热水的混合比例不同，排出的水温也会发生变化。当混水阀的手柄向右转动时，冷水量增加，热水量减少，水温降低；当混水阀的手柄向左转动时，冷水量减少，热水量增加，水温升高。混水阀应用于燃气热水器时，热水量不能过少，如果热水量过少，一是造成出水温度较低，二是会使热水器点不着火，三是对于没有恒温比例调解功能的热水器，热水量越少水温越高，当热水温度达到70℃以上时，水垢的凝结速度会迅速增加，热水器长时间在高温下运行，会堵塞热水器盘管。因此，科学合理地使用混水阀是很重要的。

二十四、因混水阀使用不当造成的热水不热故障的诊断和排除方法

混水阀造成的热水不热或打火不着，主要是由于混水阀中热水流量太少造成的，所以对于无恒温功能的热水器，出水管温度会较高，但是混水阀的出水温度却较低，可适当调节混水阀热水温度，增大热水流量，从而增加混水阀后的出水温度。

二十五、水膜阀左、右腔通道的作用

压差式水气联动装置（水膜阀）的左、右腔通道由右腔、调温阀、文丘里管侧孔、缓燃器（或过水管）及左腔组成。压差式（后制式）水气联动装置的左、右腔是连通的，而压力式（前制式）水气联动装置的左、右腔是封闭的。后制式热水器未启动之前，水膜阀左、右腔水压相等，当打开自来水阀门时，水流通过水压调节阀到水膜阀右腔，再通过调温阀，流至文丘里管，经热交换器从热水出口流出。在流经文丘里管时，文丘里管侧孔处压力最低，流速最快。因文丘里管侧孔与左腔相通，左腔的水就会流向文丘里管侧孔处（水往低处流），并与自来水一起通过文丘里管主孔流出，造成左腔压力低于右腔压力。当此压力

差大于回位弹簧力的时候，皮膜、顶盘、顶轴向左移动，打开燃气阀。关闭自来水阀门，水流停止，文丘里效应消失，因水膜阀左、右腔相通，静水通过左、右腔通道流向左腔，并使左、右腔压力平衡，联动装置靠回位弹簧力关闭燃气阀。

由于文丘里管侧孔及左、右腔通道都比较狭窄，热水器使用时间比较长时，会被部分杂质和水垢堵塞。当热水器开始运行后，在左、右腔压差的作用下打开燃气阀门开始燃烧，如果此时水膜阀左、右腔体的通道被堵，则关闭水阀时，水膜阀右腔体的水（自来水）不能及时向左腔补充，使左、右腔压力不能平衡，导致燃气阀门无法关闭，水气联动装置失效。

二十六、水膜阀左、右腔通道堵塞造成的关闭水阀后主火不灭故障的诊断和排除方法

当水膜阀左、右腔通道堵塞以后，即便关闭水阀，水膜阀左、右腔体的压差也不会改变，这就导致水气联动装置失效。其现象是关闭热水出口节门，火焰不熄灭或不能立即熄灭，这会造成热水器干烧。主要被堵塞的地方有文丘里管两侧的小孔或过水管和水膜阀侧、三通阀侧过水通道。可通过疏通堵塞部位进行修理。

二十七、水磁浮子被卡死的主要原因

1. 被油污或其他黏性物质粘在顶部掉不下来。
2. 因受力不均，水磁浮子歪斜，卡在顶部掉不下来。
3. 翻板开关旋转轴锈蚀卡滞或被污物阻塞，关水后翻板不能复位。

二十八、因水控开关水磁浮子卡死（卡在顶部）造成的关闭水阀后主火不灭故障的诊断和排除方法

燃气热水器关水后主火不灭故障发生后，应立即关闭水源、气源、电源，避免发生严重事故。水控开关结构的热水器易发生干烧故障，这是水控开关的一大缺点。诊断和排除此类故障应在断电情况下多次开关热水器，看是否有"咔、咔"声（水磁浮子在运动过程中发出的声响）；在不通气的情况下，插上电源，立即听到脉冲打火和电磁阀吸合声，可确认存在水磁浮子卡死现象。关闭水源、电源，拆下水磁浮子阀体，查看水磁浮子被卡位置并取出，分析水磁浮子卡死原因并采取相应措施。将水磁浮子放回水磁浮子阀体中，安装水磁浮子阀体。试漏水，试机。

二十九、干簧管发生短路的主要原因

干簧管也称磁簧开关、舌簧开关、磁控管，它是一种气密式密封的磁控性机械开关，可

以作为磁接近开关、液位传感器、干簧继电器使用。

干簧管由一对用磁性材料制造的弹性舌簧组成，舌簧密封于充有惰性气体的玻璃管中，舌簧端面互叠但留有一条细间隙。舌簧端面触点镀有一层贵金属，如铑或钌，使开关具有稳定的特性和极长的使用寿命。

当永久磁铁或线圈所产生的磁场施加于开关上时，使干簧管两个舌簧磁化，一个舌簧在触点位置上生成 N 极，另一个舌簧的触点位置上生成 S 极。若生成的磁场吸引力克服了舌簧的弹性产生的阻力，舌簧被吸引力作用接触导通，即电路闭合。一旦磁场力消失，舌簧因弹力作用又重新分开，即电路断开。

干簧管发生短路的主要原因如下：
1. 干簧管两簧片吸合时产生火花，使两簧片粘连，发生短路。
2. 磁铁长时间在簧片处停留，使簧片被磁化，两簧片吸合，发生短路。
3. 干簧管长时间使用，簧片已无弹性，两簧片贴合在一起发生短路。

三十、因水控开关干簧管短路导致关闭水阀主火不灭故障的诊断和排除方法

关水后主火不灭故障发生时，应立即关闭水源、气源、电源，避免发生严重事故。与水磁浮子卡死（卡在顶部）造成的关闭水阀后主火不灭故障的诊断和排除方法类似，可在断电情况下多次开关热水器，看是否有"咔、咔"声（水磁浮子在运动过程中发出的声响）；在不通气的情况下，插上电源，立即听到脉冲打火和电磁阀吸合声，可确认干簧管存在短路现象。关闭水源、电源，拔下干簧管组件插头，拆卸干簧管组件，更换干簧管组件或更换干簧管，安装干簧管组件，试机。

辅导练习题

一、判断题（下列判断正确的请在括号中打"√"，错误的请在括号中打"×"）

1. 热水器储水容器没有设置永久性通往大气的孔的热水器，称为敞开式热水器。
（   ）
2. 烟道式容积热水器，燃烧用空气取自室内，产生的烟气靠自然抽力排至室外。
（   ）
3. 火孔能稳定和完全燃烧的燃气量称为火孔的燃烧能力。通常用火孔热强度或燃气—空气混合物离开火孔的速度来表示火孔的燃烧能力。
（   ）
4. 单位面积火孔放出的热量，称为火孔热强度。 （   ）

5. 恒温式燃气热水器的关键部件是比例调节阀。（   ）
6. 恒温式燃气热水器的启动控制装置一般采用水膜阀水气联动装置。（   ）
7. 《家用燃气快速热水器》（GB 6932—2015）适用于冷凝式燃气热水器。（   ）
8. 从结构上来看，冷凝式燃气热水器与普通热水器的主要区别在于：增设了一个二级换热器（冷凝式燃气换热器）或者增大了换热器面积。（   ）
9. 燃气热水器折算热负荷与额定热负荷偏差应不大于10%。（   ）
10. 燃气热水器熄火保护装置主火控制开阀时间应不大于45 s，闭阀时间应不大于60 s。（   ）
11. 单脉冲点火装置可分为压电陶瓷和电子线路两种。（   ）
12. 强制排气式热水器应设置烟道堵塞安全装置和风压过大安全装置，即风压开关。（   ）
13. 燃气的燃烧速度和燃气与空气的混合比例、燃气组分、温度、混合速度、混合气体压力无关。（   ）
14. 火孔直径越小，火孔壁向周围的散热越小，回火的可能性越大。（   ）
15. 热水器喷嘴堵塞，会造成火孔热强度增高。（   ）
16. 单火孔面积大，火孔热强度低。（   ）
17. 离焰是火焰根部离开火孔一段距离，飘在燃烧器上方燃烧的现象。（   ）
18. 火孔周围风速大、温度低增加了火焰传播速度，造成热水器离焰和脱火。（   ）
19. 一次空气量太多，增加混合气喷出的速度，易引起离焰和脱火。（   ）
20. 热水器燃烧器火孔堵塞，火孔面积减小，混合气喷出速度降低。（   ）
21. 燃气完全燃烧生成的烟气组分是二氧化碳、二氧化硫、氮氧化物、氮和水，当不完全燃烧时除以上气体外还含有一氧化碳、甲烷和氢等。（   ）
22. 燃气完全燃烧时的火焰呈浅蓝色，内外锥轮廓清晰，温度较高。（   ）
23. 热水器长期使用，造成燃烧器和热交换器积炭堵塞，应及时清理，避免发生黄焰。（   ）
24. 喷嘴直径过小，喷嘴与引射器喉部距离不合适，易产生黄焰。（   ）
25. 风压开关是热水器烟道堵塞安全装置和风压过大安全装置的关键部件。（   ）
26. 风压开关故障的特点是：热水器风机启动，火点着后电脉冲点火不停止。（   ）
27. 微动开关是水气联动装置（水膜阀）的关键部件。（   ）
28. 当微动开关发生故障时，热水器能点火，但着火后还会熄灭。（   ）
29. 微动开关拨片（叉）未翘起，肯定是水气联动装置发生故障。（   ）
30. 判断微动开关是否损坏，可将控制器侧插件短路，若热水器能正常启动，说明微动

开关损坏。( )

31. 压差式水气联动装置是利用了水膜阀中薄膜两侧水的压力差的原理。( )

32. 水流量传感器转子的转速与水流量呈反比关系。( )

33. 水气联动装置（水膜阀、水流传感器、水流开关）一旦发生故障，会造成主火不着的故障。( )

34. 水气联动装置是燃气热水器必须设置的启动控制装置。( )

35. 热水器的控制工作流程图应包括从手动投入运行，到热水器运转结束的整个工作流程、各部件的动作次序序号，动作判定基准值和故障点的代码。( )

36. 燃气热水器电气接线图，能够方便检查、检修，避免发生接线错误。( )

37. 球阀的阀座与球体的密封是依靠弹簧和流体压力实现的，阀座最常用的材料为聚氯乙烯。( )

38. 借管安装就是利用原有的自来水管道安装断水球阀暂时让热水通过的一种安装方式。( )

39. 随着使用年限的增加，有些球阀的阀杆与球体会脱节，当阀杆旋转90°时，球体不能旋转90°，导致球阀关闭不严。( )

40. 断水球阀关闭不严可造成热水器干烧的故障，可通过更换球阀排除故障。( )

41. 当水压增高，进水量加大时，三通顶轴势必向左侧移动较多，水压调节阀将使得水流入右腔的入口的开度变大。( )

42. 皮膜、顶盘、顶轴向左移动主要靠右腔与左腔的压力差，压力差越大，向左移动距离大，气阀开度增大，而水压调节阀口开度减小。( )

43. 当皮膜产生微小裂纹以后，使得右腔与左腔的压力差减小，水膜阀三通顶轴克服弹簧的作用力向左移动距离减小，使气阀的开度减小，减少了通往主燃烧器的燃气流量。( )

44. 皮膜产生微小裂纹，会造成热水器热水不热。( )

45. 由皮膜产生微小裂纹造成的热水不热故障，火焰高度比正常要低。( )

46. 由断水球阀关闭不严造成的热水不热故障，火焰高度比正常要高。( )

47. 混水阀是既可单独供热水，也可单独供冷水，还可进行冷水、热水混合的一种阀门。( )

48. 使用混水阀时，如果热水量过少，一是造成出水温度较低，二是会使热水器点不着火。( )

49. 当混水阀手柄向左转动时，冷水量减少，热水量增加，水温升高。( )

50. 当混水阀冷水水压大于热水水压时，热水器将点不着火。( )

51. 压差式（后制式）水气联动装置的左右腔是封闭的，靠水压推动皮膜，打开燃气阀。（   ）

52. 当关闭水阀时，若水膜阀右腔的水（自来水）不能及时向左腔补充，使得左右腔压力不能平衡，导致燃气阀门无法关闭。（   ）

53. 水膜阀左右腔通道堵塞，导致水气联动装置失效，关闭热水出口节门，火焰会不熄灭或不能立即熄灭。（   ）

54. 文丘里管两个侧孔堵塞会造成热水器不能启动。（   ）

55. 被油污或其他黏性物质粘在顶部掉不下来，是水磁浮子被卡死的原因之一。（   ）

56. 翻板开关关水后，不能复位，不属于卡死现象。（   ）

57. 水控（磁）开关结构的热水器易发生干烧故障，这是水控开关的一大缺点。（   ）

58. 在干簧管未短路及不通气的情况下插电源，立即听到脉冲打火和电磁阀吸合声，可确认存在水磁浮子卡死现象。（   ）

59. 干簧管两簧片吸合时产生火花，使两簧片粘连，发生短路。（   ）

60. 干簧管是一种无源电子元件，在实际运用中，通常靠机械外力控制两个舌簧的通与断。（   ）

61. 关水后大火不灭故障发生后，应立即关闭水源、气源、电源，避免发生严重事故。（   ）

62. 在不通气的情况下插上电源，立即听到脉冲打火和电磁阀吸合声，可确认存在干簧管短路现象。（   ）

二、单项选择题（下列每题有4个选项，其中只有1个是正确的，请将其代号填写在横线空白处）

1. 容积式燃气热水器按燃气成分可分为天然气、液化石油气和_____热水器。
   A. 沼气　　　B. 轻烃气　　　C. 通用　　　D. 人工燃气

2. 容积式燃气热水器型号中包括_____。
   A. 安装方式　B. 燃气压力　　C. 额定容积　D. 额定热负荷

3. 火孔能稳定和完全燃烧的燃气量称为火孔的燃烧能力。通常用_____或燃气—空气混合物离开火孔的速度来表示火孔的燃烧能力。
   A. 燃气燃烧速度　　　　　　B. 火孔热强度
   C. 二次空气　　　　　　　　D. 燃气—空气混合速冻

4. 燃气性质、一次空气系数和_____均对燃烧能力有影响。

A. 火孔尺寸　　　B. 燃烧器材质　　　C. 喷嘴尺寸　　　D. 燃烧速度

5. 恒温式燃气热水器的关键部件是_____。

   A. 比例调节阀　　　B. 电磁阀　　　C. 水膜阀　　　D. 过热继电器

6. 恒温式燃气热水器的启动控制装置一般采用_____。

   A. 水磁开关　　　　　　　　　　B. 水膜阀

   C. 水流量传感器　　　　　　　　D. 压力开关

7. 《家用燃气快速热水器》（GB 6932—2015）不适用于_____。

   A. 强排式燃气热水器　　　　　　B. 烟道式燃气热水器

   C. 平衡式燃气热水器　　　　　　D. 容积式燃气热水器

8. 燃气比例阀不具有_____的功能。

   A. 自动调节燃气量　　　　　　　B. 防止干烧

   C. 稳定燃气输出压力　　　　　　D. 缓点火防止爆燃

9. _____燃气热水器烟气中一氧化碳含量应≤0.10%（体积分数）。

   A. 平衡式　　　B. 烟道式　　　C. 强排式　　　D. 直排式

10. 燃气热水器安全保护装置不包括_____装置。

    A. 熄火保护　　　B. 防爆燃安全　　　C. 泄压安全　　　D. 防过热安全

11. 单脉冲点火装置可分为压电陶瓷和_____两种。

    A. 开关电路　　　B. 检火电路　　　C. 电子线路　　　D. 光电隔离电路

12. 风压开关也称烟道堵塞安全装置和_____装置。

    A. 防泄漏安全　　　B. 泄压安全　　　C. 防冻安全　　　D. 风压过大安全

13. 燃气的燃烧速度与_____无关。

    A. 混合速度　　　B. 混合气体压力　　　C. 燃烧室大小　　　D. 燃气组分

14. 燃气_____、压力发生改变，使得燃烧速度大于气流速度，易造成回火。

    A. 成分比例　　　　　　　　　　B. 温度降低

    C. 流量增加　　　　　　　　　　D. 与空气混合速度减低

15. 燃气压力低的原因是_____。

    A. 喷嘴孔径小　　　　　　　　　B. 喷嘴与引射器不同心

    C. 火孔面积大　　　　　　　　　D. 燃气管路堵塞

16. _____易产生回火。

    A. 单火孔面积小　　　　　　　　B. 单火孔面积大

    C. 喷嘴孔径大　　　　　　　　　D. 一次空气量小

17. _____不是燃气热水器脱火或离焰的原因。

A. 一次空气量太多 B. 燃气压力过高
C. 一次空气量太少 D. 二次空气流速过快

18. 防止离焰和脱火方法错误的是_____。

   A. 利用火焰稳定器，使气流产生旋转或降低速度，达到新的动力平衡
   B. 利用冷却装置对火焰根部进行冷却
   C. 利用辅助火焰对火焰根部进行加热
   D. 利用火焰加热火道、网格或其他耐火材料，从而获得高温表面

19. 清理燃烧器是为了_____。

   A. 增大火孔面积
   B. 减小火孔面积
   C. 增大火孔热强度
   D. 增大燃气—空气混合物流出速度

20. 安装限流环和挡板是为了_____。

   A. 增大风机抽力 B. 增加一次空气量
   C. 增大二次空气流速 D. 减少一次空气量

21. 可燃气体不包括_____。

   A. 二氧化碳 B. 一氧化碳 C. 碳氢化合物 D. 氢气

22. 燃气完全燃烧生成的烟气不包括_____。

   A. 二氧化碳 B. 一氧化碳 C. 二氧化硫 D. 氮氧化物

23. _____不能解决热水器的黄焰问题。

   A. 清理热交换器或燃烧器积炭
   B. 加大喷嘴与引射器喉部距离
   C. 用铝箔遮挡引射器吸气口
   D. 减小喷嘴直径

24. 热水器产生黄焰，解决办法正确的是_____。

   A. 加大喷嘴孔径 B. 将短喷嘴换成长喷嘴
   C. 减小喷嘴外径 D. 减小喷嘴孔径

25. 风压开关是热水器烟道堵塞安全装置和_____装置。

   A. 风压过大安全 B. 防冻安全
   C. 防过热安全 D. 熄火保护

26. 风压开关故障的特点是：_____。

   A. 热水器风机启动，火点着后电脉冲点火不停止

B. 热水器风机启动，无电脉冲点火

C. 热水器风机不启动，无电脉冲点火

D. 热水器风机启动，但电脉冲点火很弱

27. 微动开关是_____的关键部件。
    A. 水磁开关　　B. 水流量传感器　　C. 水膜阀　　D. 水银开关

28. 微动开关不能_____。
    A. 接通电源　　B. 开启风机　　C. 使电磁阀工作　　D. 检火

29. _____不属于微动开关故障。
    A. 有电脉冲点火但火站不住　　B. 风机不启动
    C. 微动开关拨叉未翘起　　D. 微动开关连接导线断路

30. 当用小一字旋具撬起微动开关拨叉时，若_____可能微动开关已损坏。
    A. 有电脉冲点火　　B. 无电脉冲点火
    C. 电磁阀能吸合　　D. 风机能启动

31. 压差式水气联动装置的关键部件是_____。
    A. 过水管　　B. 缓燃器　　C. 文丘里管　　D. 调温阀

32. _____属于水气联动装置。
    A. 风压开关　　B. 文丘里管　　C. 水磁浮子　　D. 水流量传感器

33. _____不属于水气联动装置。
    A. 燃气比例阀　　B. 水膜阀　　C. 水流量传感器　　D. 水控磁开关

34. 水流量传感器由恒磁性转子和_____组成。
    A. 水磁浮子　　B. 霍尔传感器　　C. 干簧管　　D. 文丘里管

35. 使用交流电源的燃气热水器装有电子控制器或单片机电路，引入了科技含量较高的电子控制技术，使燃气热水器的安装、保养和_____变得复杂起来。
    A. 使用　　B. 调整　　C. 检修　　D. 检测

36. 手动操作表示启动、结束、暂停或_____时，以梯形框表示，也可用两边是椭圆的矩形框表示。
    A. 调整　　B. 半关　　C. 半开　　D. 中断

37. 球阀的阀座与球体的密封是依靠弹簧和_____实现的。
    A. 流体压力　　B. 流体速度　　C. 流体体积　　D. 流体温度

38. 热水器借管安装的优点是安装简单、_____。
    A. 便于维修　　B. 节省管材　　C. 操作简单　　D. 更换方便

39. 断水球阀_____造成热水器热水不热。

A．全闭　　　　B．全开　　　　C．关闭不严　　　　D．损坏

40. 断水球阀_____造成热水器不启动。

A．关闭不严　　B．全闭　　　　C．关闭不到位　　　D．全开

41. 水膜阀的皮膜、顶盘、_____向左移动主要靠右腔与左腔的压力差，压差越大向左移动的距离越大。

A．调节阀　　　B．回位弹簧　　C．文丘里管　　　　D．顶轴

42. 水膜阀传动系统包括_____、皮膜、顶盘、顶轴、三通阀芯等。

A．水温调节阀　　　　　　　　B．燃气调节阀
C．水压调节阀　　　　　　　　D．小流量调节阀

43. 造成燃气热水器热水不热的原因是_____。

A．水压太低　　　　　　　　　B．皮膜产生微小裂纹
C．燃气压力太高　　　　　　　D．皮膜破损严重

44. 皮膜产生微小裂纹会使_____。

A．左右腔压差变小　　　　　　B．左右腔压差变大
C．左右腔压差不变　　　　　　D．气阀开度变大

45. _____时，火焰高度比正常的要低。

A．水压过高　　　　　　　　　B．皮膜产生微小裂纹
C．燃气压力高　　　　　　　　D．皮膜破损严重

46. 判断因皮膜产生微小裂纹造成的热水不热故障时，开启热水器，用手感觉热水出口水温及_____，并观察火焰高度。

A．燃气压力　　　　　　　　　B．燃烧器是否堵塞
C．水流情况　　　　　　　　　D．喷嘴是否堵塞

47. 混水阀是既可单独供热水，也可单独供冷水，还可_____的一种阀门。

A．只供冷水　　　　　　　　　B．同时供冷水、热水
C．只供热水　　　　　　　　　D．进行冷水、热水混合

48. 使用混水阀时，如果热水量过少，一是造成_____，二是会使热水器点不着火。

A．出水温度较低　　　　　　　B．出水温度较高
C．出水压力不变　　　　　　　D．出水压力增大

49. 混水阀造成的热水不热或_____，主要是由于混水阀中热水流量太少造成的。

A．干烧　　　　B．主火不着　　C．热水过热　　　　D．中途熄火

50. 使用混水阀调高热水器热水温度，应当_____。

A．增大冷水流量　　　　　　　B．减少热水流量

C. 增大热水流量 　　　　　　　D. 减小燃气压力

51. 燃气热水器要打开第二道燃气阀门，右腔压力必须大于左腔压力与_____之和。
    A. 燃气背压　　　　　　　　B. 顶杆摩擦阻力
    C. 水压调节阀弹簧力　　　　D. 三通阀回位弹簧力

52. 由于文丘里效应，水膜阀左、右两腔产生压力差推动皮膜、顶盘、_____向左移动。
    A. 顶杆　　　B. 回位弹簧　　　C. 过水管　　　D. 密封圈

53. 水膜阀左、右腔通道堵塞，导致水气联动装置失效，关闭热水出口节门，火焰会不熄灭或_____。
    A. 点不着火　　　　　　　　B. 不能立即熄灭
    C. 熄火后又点燃　　　　　　D. 快速点燃

54. 造成热水器干烧的主要原因有_____。
    A. 文丘里管主孔堵塞　　　　B. 水膜阀冷水通道堵塞
    C. 文丘里管两侧孔堵塞　　　D. 热水出口堵塞

55. 水磁浮子被卡死的原因是_____。
    A. 被水冲至顶部浮在上面下不来
    B. 缺润滑油水磁浮子导向柄被卡住
    C. 水磁浮子的外径大于阀体的内径
    D. 被油污等黏性物质粘在顶部掉不下来

56. 水磁浮子由黄铜阀体和_____组成。
    A. 永久磁铁芯　B. 马口铁　　　C. 电磁铁　　　D. 灰铸铁

57. 水控磁开关的缺点是_____。
    A. 使用复杂　B. 易发生干烧　C. 功耗大　　　D. 使用寿命短

58. 在干簧管未短路及不通气的情况下插上电源，立即听到脉冲打火声和_____，可确认存在水磁浮子卡死现象。
    A. 爆燃声　　B. 回火噪声　　C. 电磁阀吸合声　D. 异常声

59. 干簧管也称磁簧开关、舌簧开关、干簧继电器和_____，它是一种气密式密封的磁控机械开关。
    A. 保险管　　B. 连接管　　　C. 水控管　　　D. 磁控管

60. _____不是干簧管发生短路的主要原因。
    A. 干簧管两簧片受热变形，使两簧片接触，发生短路
    B. 干簧管长时间使用，簧片已无弹性，两簧片贴合在一起发生短路

C. 磁铁长时间在簧片处停留，使簧片被磁化，两簧片吸合，发生短路

D. 干簧管两簧片吸合时产生火花，使两簧片粘连，发生短路

61. 水控磁开关式热水器关水后，主火不灭故障的主要原因是_____。

　　A. 电磁阀不关闭　　　　　　　　　B. 干簧管短路

　　C. 水磁浮子卡在下部　　　　　　　D. 控制器故障

62. 在不通气的情况下插上电源，立即听到_____和电磁阀吸合声，可确认存在干簧管短路现象。

　　A. 燃烧噪声　　B. 啸叫声　　C. 脉冲打火声　　D. 风机噪声

三、多项选择题（下列每题的多个选项中，至少有2个是正确的，请将正确答案的代号填在横线空白处）

1. 容积式燃气热水器主要由内胆、外壳、保温层、_____等部件组成。

　　A. 肋片管换热器　　　　　　　　　B. 冷凝水分离器

　　C. 水气联动装置　　　　　　　　　D. 自控安全装置

　　E. 燃烧器

2. 容积式燃气热水器型号包括_____等项内容。

　　A. 代号　　　　　　　　　　　　　B. 燃气种类

　　C. 额定容积　　　　　　　　　　　D. 额定功率

　　E. 给排气方式

3. 火孔的燃烧能力通常用_____表示。

　　A. 火孔面积　　　　　　　　　　　B. 火孔热强度

　　C. 单位时间火孔放出的热量　　　　D. 火焰高度

　　E. 燃气—空气混合物离开火孔的速度

4. _____均对火孔的燃烧能力有影响。

　　A. 火孔尺寸　　　　　　　　　　　B. 燃气性质

　　C. 火孔材质　　　　　　　　　　　D. 一次空气系数

　　E. 火孔数目

5. _____不是恒温式燃气热水器的关键部件。

　　A. 比例调节阀　　　　　　　　　　B. 电磁阀

　　C. 水膜阀　　　　　　　　　　　　D. 过热继电器

　　E. 水过滤器

6. 恒温式燃气热水器的启动控制装置一般不采用_____。

　　A. 水控磁开关　　　　　　　　　　B. 水膜阀

C. 水流量传感器 D. 压力开关
E. 水银传感器

7. 《家用燃气快速热水器》（GB 6932—2015）适用于_____。
   A. 强排式燃气热水器 B. 烟道式燃气热水器
   C. 平衡式燃气热水器 D. 冷凝式燃气热水器
   E. 容积式燃气热水器

8. 燃气比例阀具有_____的功能。
   A. 自动调节燃气量 B. 防止干烧
   C. 稳定燃气输出压力 D. 缓点火防止爆燃
   E. 防止过热

9. _____燃气热水器烟气中一氧化碳含量应≤0.10%。
   A. 平衡式 B. 烟道式
   C. 强排式 D. 室外型
   E. 强制平衡式

10. 燃气热水器安全保护装置包括_____装置等。
    A. 熄火保护 B. 防爆燃安全
    C. 泄压安全 D. 防过热安全
    E. 风压过大安全

11. 单脉冲点火装置可分为_____两种。
    A. 开关电路 B. 检火电路
    C. 电子线路 D. 光电隔离电路
    E. 压电陶瓷

12. 风压开关也称_____装置。
    A. 防泄漏安全 B. 泄压安全
    C. 烟道堵塞安全 D. 风压过大安全
    E. 防冻安全

13. 燃气的燃烧速度与_____有关。
    A. 混合速度 B. 混合气体压力
    C. 燃气温度 D. 燃气和空气的混合比例
    E. 燃气组分

14. 燃气的_____发生改变，使得燃烧速度大于气流速度，易造成回火。
    A. 成分比例 B. 温度降低

C. 流量增加 D. 与空气混合速度减低

E. 压力

15. 燃气压力低的原因是_____。

    A. 喷嘴孔径小 B. 喷嘴与引射器不同心

    C. 火孔面积大 D. 燃气管路堵塞

    E. 燃气管网压力低

16. _____易产生回火。

    A. 单火孔面积小 B. 单火孔面积大

    C. 喷嘴孔径大 D. 一次空气量大

    E. 一次空气量小

17. _____不是燃气热水器脱火或离焰的原因。

    A. 一次空气量太多 B. 燃气压力过高

    C. 一次空气量太少 D. 二次空气流速过快

    E. 燃气压力太低

18. 防止离焰和脱火方法错误的是_____。

    A. 利用火焰稳定器，使气流产生旋转或降低速度，达到新的动力平衡

    B. 利用冷却装置对火焰根部进行冷却

    C. 利用辅助火焰对火焰根部进行加热

    D. 利用火焰加热火道、网格或其他耐火材料，从而获得高温表面

    E. 减小单个火孔的面积

19. 清理燃烧器是为了_____。

    A. 增大火孔面积 B. 减小火孔面积

    C. 增大火孔热强度 D. 增大燃气—空气混合物流出速度

    E. 减小火孔热强度

20. 安装限流环和挡板是为了_____。

    A. 增大风机抽力 B. 减小风机抽力

    C. 增大二次空气流速 D. 减少一次空气量

    E. 增加一次空气量

21. 可燃气体不包括_____。

    A. 二氧化碳 B. 一氧化碳

    C. 碳氢化合物 D. 氢气

    E. 氧气

22. 燃气完全燃烧生成的烟气不包括_____。
    A. 二氧化碳
    B. 一氧化碳
    C. 二氧化硫
    D. 氮氧化物
    E. 氢气

23. _____不能解决热水器黄焰问题。
    A. 加大喷嘴直径
    B. 加大喷嘴与引射器喉部距离
    C. 用铝箔遮挡引射器吸气口
    D. 减小喷嘴直径
    E. 清理热交换器或燃烧器积炭

24. 热水器产生黄焰，解决办法正确的是_____。
    A. 加大喷嘴孔径
    B. 将短喷嘴换成长喷嘴
    C. 减小喷嘴外径
    D. 减小喷嘴孔径
    E. 将长喷嘴换成短喷嘴

25. 风压开关是热水器_____装置。
    A. 风压过大安全
    B. 防冻安全
    C. 防过热安全
    D. 熄火保护
    E. 烟道堵塞安全

26. _____不属于风压开关故障的特点。
    A. 热水器风机启动，火点着后电脉冲点火不停止
    B. 热水器风机启动，无电脉冲点火
    C. 热水器风机不启动，无电脉冲点火
    D. 热水器风机启动，但电脉冲点火很弱
    E. 热水器主火能点着，但过一会儿就熄灭

27. 微动开关不是_____的关键部件。
    A. 水磁开关
    B. 水流量传感器
    C. 水膜阀
    D. 水银开关
    E. 泄水阀

28. 微动开关能够_____。
    A. 接通电源
    B. 开启风机
    C. 使电磁阀工作
    D. 检火
    E. 点火

29. _____不属于微动开关故障。
    A. 有电脉冲点火但火站不住   B. 风机不启动
    C. 微动开关拨叉未翘起   D. 微动开关连接导线断路
    E. 有电脉冲点火但点不着火

30. 当用小一字旋具撬起微动开关拨叉时，若_____可能微动开关已损坏。
    A. 有脉冲点火   B. 无电脉冲点火
    C. 电磁阀能吸合   D. 风机能启动
    E. 风机不能启动

31. _____不是压差式水气联动装置的关键部件。
    A. 过水管   B. 缓燃器
    C. 文丘里管   D. 调温阀
    E. 泄水阀

32. _____属于水气联动装置。
    A. 风压开关   B. 文丘里管
    C. 水控磁开关   D. 水流量传感器
    E. 水膜阀

33. _____不属于水气联动装置。
    A. 风压开关   B. 文丘里管
    C. 水磁浮子   D. 水流量传感器
    E. 霍尔元件

34. 水流量传感器由_____组成。
    A. 恒磁性转子   B. 文丘里管
    C. 干簧管   D. 霍尔传感器
    E. 水磁浮子

35. 使用交流电源的燃气热水器，装有电子控制器或单片机电路，引入了科技含量较高的电子控制技术，使燃气热水器的_____变得复杂起来。
    A. 安装   B. 调整
    C. 检修   D. 检测
    E. 保养

36. 手动操作，表示_____时，以梯形框表示，也可用两边是椭圆的矩形框表示。
    A. 启动   B. 结束
    C. 暂停   D. 中断

E. 调整

37. 球阀的阀座与球体的密封是依靠_____实现的。
   A. 流体压力　　　　　　　　　B. 流体速度
   C. 流体体积　　　　　　　　　D. 流体温度
   E. 弹簧

38. 热水器借管安装的优点是_____。
   A. 便于维修　　　　　　　　　B. 节省管材
   C. 操作简单　　　　　　　　　D. 安装简单
   E. 更换方便

39. 断水球阀_____造成热水器热水不热。
   A. 全闭　　　　　　　　　　　B. 全开
   C. 关闭不严　　　　　　　　　D. 损坏
   E. 关闭不到位

40. 断水球阀_____造成热水器不启动。
   A. 关闭不严　　　　　　　　　B. 全闭
   C. 关闭不到位　　　　　　　　D. 全开
   E. 损坏

41. 水膜阀的_____向左移动主要靠右腔与左腔的压力差，压差越大向左移动的距离越大。
   A. 皮膜　　　　　　　　　　　B. 回位弹簧
   C. 文丘里管　　　　　　　　　D. 顶轴
   E. 顶盘

42. 水膜阀传动系统包括_____等。
   A. 顶盘　　　　　　　　　　　B. 顶轴
   C. 皮膜　　　　　　　　　　　D. 小流量调节阀
   E. 三通阀芯

43. 造成燃气热水器热水不热的原因是_____。
   A. 水压太低　　　　　　　　　B. 皮膜产生微小裂纹
   C. 燃气压力太高　　　　　　　D. 皮膜破损严重
   E. 水压太高

44. 皮膜产生微小裂纹会使_____。
   A. 左右腔压差变小　　　　　　B. 左右腔压差变大

C. 左右腔压差不变　　　　　　　D. 气阀开度变大

E. 水流入口开度变大

45. ＿＿＿＿＿＿＿时，火焰高度比正常的要低。

　　A. 水压过高　　　　　　　　　B. 皮膜产生微小裂纹

　　C. 燃气压力高　　　　　　　　D. 皮膜破损严重

　　E. 燃气压力低

46. 判断因皮膜产生微小裂纹造成的热水不热故障时，开启热水器，用手感觉＿＿＿＿＿＿＿，并观察火焰高度。

　　A. 燃气压力　　　　　　　　　B. 燃烧器是否堵塞

　　C. 水流情况　　　　　　　　　D. 喷嘴是否堵塞

　　E. 热水出口水温

47. 混水阀是＿＿＿＿＿＿＿的一种阀门。

　　A. 单独供热水　　　　　　　　B. 同时供冷水、热水

　　C. 只供热水　　　　　　　　　D. 进行冷水、热水混合

　　E. 单独供冷水

48. 使用混水阀时，如果热水量过少，会造成＿＿＿＿＿＿＿。

　　A. 出水温度较低　　　　　　　B. 出水温度较高

　　C. 出水压力不变　　　　　　　D. 热水器点不着火

　　E. 出水压力增大

49. 混水阀造成的＿＿＿＿＿＿＿，主要是由于混水阀中热水流量太小造成的。

　　A. 干烧　　　　　　　　　　　B. 主火不着

　　C. 热水过热　　　　　　　　　D. 中途熄火

　　E. 热水不热

50. 使用混水阀调高热水器热水温度，应当＿＿＿＿＿＿＿。

　　A. 增大冷水流量　　　　　　　B. 减少热水流量

　　C. 增大热水流量　　　　　　　D. 减小冷水流量

　　E. 减小燃气压力

51. 燃气热水器要打开第二道燃气阀门，右腔压力必须大于＿＿＿＿＿＿＿之和。

　　A. 燃气背压　　　　　　　　　B. 顶杆摩擦阻力

　　C. 水压调节阀弹簧力　　　　　D. 三通阀回位弹簧力

　　E. 左腔压力

52. 由于文丘里效应，水膜阀左、右两腔产生压力差推动＿＿＿＿＿＿＿向左移动。

A. 顶杆 B. 顶盘
C. 过水管 D. 皮膜
E. 回位弹簧

53. 水膜阀左、右腔通道堵塞，导致水气联动装置失效，关闭热水出口节门，火焰会_____。

A. 点不着火 B. 不能立即熄灭
C. 不熄灭 D. 快速点燃
E. 熄火后又点燃

54. 造成热水器干烧的主要原因有_____。

A. 文丘里管主孔堵塞 B. 水膜阀冷水通道堵塞
C. 文丘里管两侧孔堵塞 D. 热水出口堵塞
E. 过水管堵塞

55. 水磁浮子被卡死的原因是_____。

A. 被水冲至顶部浮在上面下不来
B. 缺润滑油水磁浮子导向柄被卡住
C. 水磁浮子的外径大于阀体的内径
D. 被油污等黏性物质粘在顶部掉不下来
E. 因受力不均，水磁浮子歪斜，卡在顶部掉不下来

56. 水磁浮子由_____组成。

A. 永久磁铁芯 B. 马口铁
C. 黄铜阀体 D. 灰铸铁
E. 电磁铁

57. _____不属于水控磁开关的缺点。

A. 使用复杂 B. 易发生干烧
C. 功耗大 D. 使用寿命短
E. 灵敏度低

58. 在干簧管未短路及不通气的情况下插上电源，立即听到_____，可确认存在水磁浮子卡死现象。

A. 爆燃声 B. 回火噪声
C. 电磁阀吸合声 D. 异常声
E. 脉冲打火声

59. 干簧管也称_____，它是一种气密式密封的磁控机械开关。

A. 保险管 B. 舌簧开关
C. 磁簧开关 D. 磁控管
E. 干簧继电器

60. ＿＿＿＿＿＿＿不是干簧管发生短路的主要原因。
A. 干簧管两簧片受热变形，使两簧片接触，发生短路
B. 干簧管长时间使用，簧片已无弹性，两簧片贴合在一起发生短路
C. 磁铁长时间在簧片处停留，使簧片被磁化，两簧片吸合，发生短路
D. 干簧管两簧片吸合时产生火花，使两簧片粘连，发生短路
E. 干簧管两簧片被油污等黏性物质粘在一起，发生短路

61. 水控磁开关式热水器关水后，主火不灭故障的主要原因是＿＿＿＿＿＿＿。
A. 电磁阀不关闭 B. 干簧管短路
C. 水磁浮子卡在下部 D. 控制器故障
E. 水磁浮子卡在顶部

62. 在不通气的情况下插上电源，立即听到＿＿＿＿＿＿＿，可确认存在干簧管短路现象。
A. 燃烧噪声 B. 啸叫声
C. 脉冲打火声 D. 风机噪声
E. 电磁阀吸合声

参考答案及说明

一、判断题

1. ×。热水器储水容器没有设置永久性通往大气的孔的热水器，称为封闭式热水器。
2. √。烟道式容积热水器，燃烧用空气取自室内，产生的烟气靠自然抽力排至室外。
3. √。火孔能稳定和完全燃烧的燃气量称为火孔的燃烧能力。通常用火孔热强度或燃气—空气混合物离开火孔的速度来表示火孔的燃烧能力。
4. ×。单位面积火孔单位时间放出的热量，称为火孔热强度。
5. √。恒温式燃气热水器的关键部件是比例调节阀。
6. ×。恒温式燃气热水器的启动控制装置一般采用的是水流量传感器。
7. √。《家用燃气快速热水器》（GB 6932—2015）适用于冷凝式燃气热水器，不适用

于容积式燃气热水器。

8. √。从结构上来看，冷凝式燃气热水器与普通热水器的主要区别在于：增设了一个二级换热器（冷凝式燃气换热器）或者增大了换热器面积。

9. √。燃气热水器折算热负荷与额定热负荷偏差应不大于10%。

10. ×。燃气热水器熄火保护装置主火控制开阀时间应不大于10 s，闭阀时间应不大于10 s。

11. √。单脉冲电火花点火装置可分为压电陶瓷和电子线路两种。

12. √。强制排气式热水器应设置烟道堵塞安全装置和风压过大安全装置，即风压开关。

13. ×。燃气的燃烧速度和燃气与空气的混合比例、燃气组分、温度、混合速度、混合气体压力有关。

14. ×。火孔直径越小，火孔壁向周围的散热越大，回火的可能性越小。

15. ×。热水器喷嘴堵塞，会造成火孔热强度降低。

16. √。单火孔面积大，火孔热强度低。

17. √。离焰是火焰根部离开火孔一段距离，飘在燃烧器上方燃烧的现象。

18. ×。火孔周围风速大、温度低降低了火焰传播速度，造成热水器离焰和脱火。

19. √。一次空气量太多，增加混合气喷出的速度，易引起离焰和脱火。

20. ×。热水器燃烧器火孔堵塞，火孔面积减小，混合气喷出速度增加。

21. √。燃气完全燃烧生成的烟气组分是二氧化碳、二氧化硫、氮氧化物、氮和水，当不完全燃烧时除以上气体外还含有一氧化碳、甲烷和氢等。

22. √。燃气完全燃烧时的火焰呈浅蓝色，内外锥轮廓清晰，温度较高。

23. √。热水器长期使用，造成燃烧器和热交换器积炭堵塞，应及时清理，避免发生黄焰。

24. ×。喷嘴直径过大，喷嘴与引射器喉部距离不合适，易产生黄焰。

25. √。风压开关是热水器烟道堵塞安全装置和风压过大安全装置的关键部件。

26. ×。风压开关故障的特点是：热水器风机启动，无电脉冲点火。

27. √。微动开关是水气联动装置（水膜阀）的关键部件。

28. ×。当微动开关发生故障时，会引起热水器点不着火。

29. ×。微动开关拨片（叉）未翘起，可能是水气联动装置故障，也可能是微动开关安装不合适。

30. √。判断微动开关是否损坏，可将控制器侧插件短路，若热水器能正常启动，说明微动开关损坏。

31. √。压差式水气联动装置是利用了水膜阀中薄膜两侧水的压力差的原理。

32. ×。水流量传感器转子的转速与水流量呈正比关系。

33. √。水气联动装置（水膜阀、水流传感器、水流开关）一旦发生故障，会造成主火不着的故障。

34. √。水气联动装置是燃气热水器必须设置的启动控制装置。

35. √。热水器的控制工作流程图应包括从手动投入运行，到热水器运转结束的整个工作流程、各部件的动作次序序号，动作判定基准值和故障点的代码。

36. √。燃气热水器电气接线图，能够方便检查、检修，避免发生接线错误。

37. ×。球阀的阀座与球体的密封是依靠弹簧和流体压力实现的，阀座最常用的材料为聚四氟乙烯。

38. √。借管安装就是利用原有的自来水管道安装断水球阀暂时让热水通过的一种安装方式。

39. √。随着使用年限的增加，有些球阀的阀杆与球体会脱节，当阀杆旋转90°时，球体不能旋转90°，导致球阀关闭不严。

40. ×。断水球阀关闭不严可造成热水器出水不热的故障，可通过更换球阀排除故障。

41. ×。当水压增高，进水量加大时，三通顶轴势必向左侧移动较多，水压调节阀将使得水流入右腔的入口的开度变小。

42. √。皮膜、顶盘、顶轴向左移动主要靠右腔与左腔的压力差，压力差越大，向左移动距离大，气阀开度增大，而水压调节阀口开度减小。

43. √。当皮膜产生微小裂纹以后，使得右腔与左腔的压力差减小，水膜阀三通顶轴克服弹簧的作用力向左移动距离减小，使气阀的开度减小，减少了通往主燃烧器的燃气流量。

44. √。皮膜产生微小裂纹，会造成热水器热水不热。

45. √。由皮膜产生微小裂纹造成的热水不热故障，火焰高度比正常要低。

46. ×。由断水球阀关闭不严造成的热水不热故障，火焰高度比正常相比应无变化。

47. √。混水阀是既可单独供热水，也可单独供冷水，还可进行冷水、热水混合的一种阀门。

48. √。使用混水阀时，如果热水量过少，一是造成出水温度较低，二是会使热水器点不着火。

49. √。当混水阀手柄向左转动时，冷水量减少，热水量增加，水温升高。

50. √。当混水阀冷水水压大于热水水压时，热水器将点不着火。

51. √。压差式（后制式）水气联动装置的左右腔是封闭的，靠水压推动皮膜，打开燃气阀。

52. √。当关闭水阀时，若水膜阀右腔的水（自来水）不能及时向左腔补充，使得左右腔压力不能平衡，导致燃气阀门无法关闭。

53. √。水膜阀左右腔通道堵塞，导致水气联动装置失效，关闭热水出口节门，火焰会不熄灭或不能立即熄灭。

54. ×。文丘里管两个侧孔堵塞会造成热水器干烧。

55. √。被油污或其他黏性物质粘在顶部掉不下来，是水磁浮子被卡死的原因之一。

56. ×。翻板开关关水后，不能复位，属于卡死现象。

57. √。水控（磁）开关结构的热水器易发生干烧故障，这是水控开关的一大缺点。

58. √。在干簧管未短路及不通气的情况下插电源，立即听到脉冲打火和电磁阀吸合声，可确认存在水磁浮子卡死现象。

59. √。干簧管两簧片吸合时产生火花，使两簧片粘连，发生短路。

60. ×。干簧管是一种无源电子元件，在实际运用中，通常靠磁场力控制两个舌簧的通与断。

61. √。关水后大火不灭故障发生后，应立即关闭水源、气源、电源，避免发生严重事故。

62. ×。在不通气的情况下插上电源，立即听到脉冲打火和电磁阀吸合声，可确认存在水磁浮子卡死现象。

二、单项选择题

1. D	2. C	3. B	4. A	5. A	6. C	7. D	8. B	9. A
10. B	11. C	12. D	13. C	14. A	15. D	16. B	17. C	18. B
19. A	20. D	21. A	22. B	23. C	24. D	25. A	26. B	27. C
28. D	29. A	30. B	31. C	32. D	33. A	34. B	35. C	36. D
37. A	38. B	39. C	40. D	41. B	42. C	43. D	44. A	45. B
46. C	47. D	48. A	49. B	50. D	51. B	52. A	53. B	54. C
55. D	56. A	57. B	58. C	59. D	60. A	61. B	62. C	

三、多项选择题

1. DE	2. ABCE	3. BE	4. ABD	5. BCDE	6. ABDE
7. ABCD	8. ACD	9. ADE	10. ACDE	11. CE	12. CD
13. ABCDE	14. AE	15. DE	16. BD	17. CE	18. BE

19. AE	20. BD	21. AE	22. BE	23. AC	24. DE
25. AE	26. ACDE	27. ABDE	28. ABCE	29. AE	30. BE
31. ABDE	32. CDE	33. ABCE	34. AD	35. ACE	36. ABCD
37. AE	38. BD	39. CE	40. DE	41. ADE	42. ABCE
43. BE	44. AE	45. BE	46. CE	47. ADE	48. AD
49. BE	50. CD	51. DE	52. ABD	53. BC	54. CE
55. DE	56. AC	57. ACDE	58. CE	59. BCDE	60. AE
61. BE	62. CE				

第4章 培 训

考 核 要 点

理论知识考核范围	考核要点	重要程度
初级工、中级工技能操作指导	1. 燃气具安装标准及规范的要点	★★
	2. 指导初级工、中级工进行燃气具安装	★★★
	3. 燃气具的质量标准	★★
	4. 燃气具安全标准	★★★
	5. 燃气具节能环保标准	★★★
安全技术培训	1.《城镇燃气管理条例》有关燃气燃烧器具安装、维修人员安全管理的规定	★★
	2. 燃具的安全管理规程	★★★
	3. 燃具的安全技术条件	★★★
	4. 对初级工、中级工进行燃气具安装安全技能培训的主要内容	★★★
	5. 燃气具相关标准中的强制性条文	★★★
	6. 气密性的检验及漏气问题分析	★★★
	7. 对初级工、中级工进行燃气具维修安全技能培训的主要内容	★★★

注：重要程度中，"★"为级别最低，"★★★"为级别最高。

重点复习提示

一、燃气具安装标准及规范的要点

1.《城镇燃气设计规范》（GB 50028—2006）
2.《城镇燃气室内工程施工与质量验收规范》（CJJ 94—2009）
3.《家用燃气燃烧器具安装及验收规范》（CJJ 12—2013）
4.《燃气采暖热水炉应用技术规程》（CECS215：2006）

上述标准的强制性条文即为燃气具安装标准要点和质量要求，燃气具的安装应遵守相关规范、标准的规定。

二、指导初级工、中级工进行燃气具安装

指导初级工、中级工进行燃气具的安装主要体现在实际工作中，首先要对施工方案及派工单上的任务进行技术分析，根据工作的难易程度分配任务，领到任务的人可去领取安装施工所需的技术资料、待装设备、管段、管件、填料及施工工具、设备、检测工具等并进行核查，共同进行现场测绘，绘制安装图，计算下料长度，交由初级工、中级工进行管段的预制。设备安装前，指导初级工、中级工对设备进行检查和核对；向安装人员讲述安装要求。安装过程中，随时纠正错误操作和技术难题，对安装进行核查，设置试验装置，参与和指导试压、试漏及设备调试工作。

1. 指导方法

（1）将技术划分为若干阶段。要求学员由易到难、由简到繁、循序渐进地学习，并不断给予强化与矫正，以提高操作效率。

（2）实操演示，并让学员演练，手把手指导。

（3）纠正错误，指出正确的操作方法，让学员知道自己的操作是否达到要求。

2. 燃气具安装安全操作技术规程

（1）安装燃具的环境。燃具的安全防火措施除保证一定距离外，还应考虑燃具安装地点周围的环境条件，观察该处是否有滞留烟气。

1）室内安装燃具的环境。室内安装燃具时应符合下列要求：

①应远离人经常出入的门及容易倾倒的地方，应远离家具、窗帘等物品，以免引起火灾。

②厨房中的燃具不要装在门后面，会不利于监视燃具的燃烧状态。

③直排式和半密封式热水器装在灶具等明火燃具上方，灶具的烟气或油烟气会被热水器吸入产生不完全燃烧。

④室外用燃具一般只能装在室外，不能装在室内。

2）室外安装燃具的环境。室外安装燃具时应符合下列要求：

①自然排气式燃具在敞开走廊或阳台上隔间安装时，必须有专用的隔间，隔间应防风雨，落叶、废纸等废弃物不应落入隔间内，以免影响燃具的正常工作。因为直排式燃具不抗风，不宜安装在室外；平衡式燃具可以安装在室外，但应有防风、防雨措施。

②燃具在敞开走廊上安装时，不能靠近楼梯或影响邻居，距离应大于 5 m。

③室外燃具安装的排气筒不能再进入室内，只能伸向室外。

④室内用燃具安装在室外隔间时，应有防风、防雨的措施，以免影响燃具的正常燃烧。

(2) 室内燃气管道的安装要求

1) 室内中低压燃气管道应采用镀锌管，中压管宜采用焊接或法兰连接。

2) 用户引入管不得敷设在卧室、浴室、地下室、易燃易爆仓库、有腐蚀性介质的房间、配电室、电缆沟、烟道和进风道等地方，应设在厨房走廊或非居住房间内等便于检修的地方。

3) 用户引入管当为地上引入时，室外引入管上端设置带丝堵的三通作为清扫口。用户引入管当为地下引入时，在室外离地面 0.5 m 处安装一个带丝堵的斜三通作为清扫口。无论是地上引入还是地下引入，引入管的水平段要以一定的坡度坡向庭院管道。为了便于检修，在管道穿越墙壁或地板时，要加一个套管。

4) 室内燃气管道为便于及时发现漏气和检修都采用明装，并与室内电气设备及其他管道间有一定距离。当有特殊要求时，可暗设，但必须便于安装和维修，并应符合有关规定。

5) 室内立管不得敷设在卧室、浴室或厕所中，一般在靠近墙角的地方竖向安置。水平管一般安装在靠近屋顶处，距顶棚不小于 15 cm。表前水平管要坡向立管，表后水平管要坡向接燃具立管，以防表内积水而腐蚀表。

6) 燃气表安装在厨房内或靠近厨房的走廊上。厨房内表底距地面不小于 1.8 m。表的背后与墙面要距离 25~50 mm，燃气表不得安装在堆放易燃、易爆品和其他危险品的地方。

7) 公共建筑用户的燃气表要布置在温度不低于 5℃、干燥、通风良好、查表方便的地方。不得布置在卧室、危险品库、有腐蚀性气体和经常潮湿的地方。表底距地面一般为 1.6 m。安在地面上的表，表底距地面不小于 0.5 m。

8) 食堂炒菜灶的灶面高度为 70~75 cm，蒸锅灶的灶面高度为 70 cm。当布置两台以上蒸锅时，灶台水平净距不应小于 0.4 m。布置两个以上的炒菜锅时，两锅净距不应小于 0.25 m。炉膛应分开，彼此不可连通，每个炉膛应留有二次空气进风口。食堂燃烧器额定流量大于 6.5 m³/h，产生废气量多时应设烟道，若没有烟道应加强排烟设施。

9) 在居民住宅和公共建筑的进气总管上的总阀门，应设置在离地面 1.5 m 处，以便发生故障时切断气源。在燃气表前及接灶立管的末端也应设置阀门。

(3) 安全用电。安装使用交流电源的燃具时，必须注意电气安全的要求。

1) 安装不同防触电保护类别的燃具时，应使用符合规定的电源插座、开关和电线。电源插座、开关和电线应是经过安全认证的产品。

2) 电源插头不应装在潮湿、易被水淋的位置。

(4) 燃具安装

1）安装燃具时应有施工的标识和施工记录。

2）安装或变更下列燃具时应在有关人员监督下进行，并张贴监督员检查合格标志：

①半密闭及密闭式浴槽水加热器。

②半密闭及密闭式热水器；热流量大于 11.6 kW 的快速式热水器；热流量大于 7.0 kW 的其他燃具；上述燃具的排气筒、给排气筒和与排气筒相连的排气扇。

3）燃具局部变更施工包括下列各项：

①室外燃具变更工程（不得装室内）。

②燃具更换排气筒或排气扇。

③燃具增加热流量。

④热流量等于或小于 7.0 kW 的燃具安装。

4）燃具安装部位应符合下列要求：

①安装燃具的地面、墙壁应能承受荷重。

②燃具不应安装在有易燃物堆存的地方。

③直排式和半密闭式燃具不应安装在有腐蚀性气体和灰尘多的地方。

④燃具不应装在对其他设备或电气设备有影响的地方。

⑤安装时应考虑满流、安全阀动作及冷凝水的影响，地面应做防水处理或设排水管。

⑥燃具安装应考虑检修的方便，排气筒、给排气筒应安装在易安装和检修处。

⑦燃具安装处所应符合《燃气燃烧器具安全技术条件》（GB 16914—2012）的规定。

5）燃具固定应符合下列要求：

①燃具应能防振动冲击，不应倾斜、龟裂、破损。

②配管应能防振动冲击，不应有安全故障。

③燃具安装应牢固，安装燃气阀、金属柔性管或强化软管（带增强金属网或纤维网），应无附加应力，并且应牢固。

6）连接金属管、燃气阀、金属柔性管或强化软管（带增强金属网或纤维网）时，应无附加应力，并且应牢固。

7）防积雪、防冻应符合下列要求：

①在积雪地区安装燃具时，给排气设备应考虑积雪、冰冻的影响。

②在积雪地区安装室外固定式燃具时，应设置积雪护板，护防应有足够的强度。

③安装在墙上时，应装在不受落雪、积雪影响的地方。

④供热水的燃具、给水管、热水管应根据当地情况采取防冻措施；可能结冻的地方不得配管，否则应采取防冻措施。

8）室内燃具的安装应符合下列要求：

①安装时应考虑人的动作、门的开闭、窗帘和家具等对燃具的影响。

②安装时应考虑门等部位对燃具的遮挡。

③直排式和半密闭式热水器不应装在无防护装置的灶、烤箱等燃具的上方。

④室外用燃具不应安装在室内。

9）室外燃具的安装应符合下列要求：

①室内用燃具安装在室外时，应采取防风、防雨措施，不得影响燃具的正常燃烧。

②在靠近公共走廊处安装燃具时，应有防火、防落下物、防投弃物等措施。

③室外燃具的排气筒不得穿过室内。

④两侧有居室的外走廊，或两端封闭的外走廊，严禁安装室外用燃具。

10）燃气管道连接应符合下列要求：

①燃具与燃气管道的连接部分严禁漏气。

②燃具连接用部件（阀门、管道、管件等）应是符合国家现行标准并经检验合格的产品。

③连接部位应牢固、不易脱落。软管连接时，应采用专用的承插接头、螺纹接头或专用卡箍紧固；承插接头应按燃气流向指定的方向连接。

④软管长度应小于3 m，临时性、季节性使用时，软管长度可小于5 m。软管不得有弯折、拉伸、脚踏等情况。龟裂、老化的软管不得使用。

⑤在软管连接时不得使用三通，形成两个支管。

⑥燃气软管不应装在有火焰和辐射热的地点及隐蔽处。

⑦燃气管道连接还应符合《城镇燃气设计规范》（GB 50028—2006）的有关规定。

⑧与燃具连接的供气、供水支管上应设置阀门。

⑨燃气泄漏报警器的安装应符合现行国家标准《燃气燃烧器具安全技术条件》（GB 16914—2012）的有关规定。

⑩燃具在敞开走廊、阳台上安装时应符合《家用燃气燃烧器具安装、验收及安全管理规程》（CJJ 12—2013）的规定。

⑪燃具的给水安装应符合《家用燃气燃烧器具安装、验收及安全管理规程》（CJJ 12—2013）的规定。

（5）验收

1）安装燃具的房间应符合《燃气燃烧器具安全技术条件》（GB 16914—2012）的规定。

2）安装燃具房间的通风、防火等条件应符合《城镇燃气输配工程施工及验收规范》（CJJ 33—2005）的相关规定。

3）燃气的种类和压力，以及自来水的供水压力应符合燃具铭牌的要求。

4）将燃气阀打开，关闭燃具燃气阀，用肥皂液或测漏仪检查燃气管道和接头，不应有漏气现象。

5）打开自来水阀和燃具冷水进口阀，关闭燃具热水出口阀，目测检查自来水系统不应有水渗漏现象。

6）按燃具使用说明书要求，使燃具运行，燃烧器燃烧应正常，各种阀的开关应灵活。

7）在做烟道抽力检查（半密闭自然排气式燃具用）时，在燃具运行情况下，应用补偿式微压计在安全排气罩出口处测定，抽力（真空度）不得小于 3 Pa。

8）上述检查合格后，应由监督员张贴合格标示。

三、燃气具的质量标准

燃气具的质量标准主要有：《家用燃气灶具》（GB 16410—2007）、《家用燃气快速热水器》（GB 6932—2015）、《燃气采暖热水炉》（GB 25034—2010）、《中餐燃气炒菜灶》（CJ/T 28—2003）、《燃气蒸箱》（CJ/T 187—2013）等。

四、燃气具安全标准

1.《燃气燃烧器具安全技术条件》（GB 16914—2012）

本标准主要是针对燃气燃烧器具安全制定的原则性和通用性安全技术规定，规定了燃具投放市场和自由流通、合格评定和基本要求方面的安全技术要求，是由国家质量监督检验检疫总局发布的。

2.《家用燃气燃烧器具安全管理规则》（GB 17905—2008）

本标准规定了家用燃气燃烧器具和燃气燃烧器具配件（简称燃具和配件）的安全要求，燃具生产者、燃具销售者、燃气供应者、燃具安装者和燃具消费者的责任和义务，燃具配件的检验，燃具的使用、保养、维修、判废及事故处理等。

本标准是由国家质量监督检验检疫总局和中国国家标准化管理委员会共同发布的。

五、燃气具节能环保标准

《环境标志产品技术要求 燃气灶具》（HJ/T 311—2006）由原国家环境保护总局发布。

1. 适用范围

本标准适用于城市燃气的燃气灶具产品，其中包括：

a. 单个燃烧器标准额定热流量小于 5.23 kW（4 500 kcal/h）的灶。

b. 标准额定热流量小于 5.82 kW（5 000 kcal/h）的烤箱和烘烤器。

c. 标准额定热流量符合 a、b 规定的烤箱灶。

d. 每次焖饭的最大稻米量在 4 L 以下，标准额定热流量小于 4.19 kW（3 600 kcal/h）的燃气饭锅。

使用非城市燃气的燃气灶可参照执行。

2. 技术内容

（1）使用不同燃气的灶具，在额定热负荷下，干烟气中 NO_x 体积分数（标准状态）应符合表 1—12 要求。

表 1—12　　　　　　　　　　　　干烟气 NO_x 体积分数

	人工煤气、天然气	液化石油气
NO_x（标准状态）/10^{-6}	≤60	≤100

（2）使用不同燃气灶具，在额定热负荷条件下，干烟气中 CO 体积分数（α = 1）不得大于 300×10^{-6}。

（3）产品的热效率应不小于 60%。

六、《城镇燃气管理条例》有关燃气燃烧器具安装、维修人员安全管理的规定

《城镇燃气管理条例》对燃气燃烧器具安装、维修人员有关安全管理的规定（节选）如下：

第三十二条　燃气燃烧器具生产单位、销售单位应当设立或者委托设立售后服务站点，配备经考核合格的燃气燃烧器具安装、维修人员，负责售后的安装、维修服务。

燃气燃烧器具的安装、维修，应当符合国家有关标准。

第四十九条　违反本条例规定，燃气用户及相关单位和个人有下列行为之一的，由燃气管理部门责令限期改正；逾期不改正的，对单位可以处 10 万元以下罚款，对个人处 1 000 元以下罚款；造成损失的，依法承担赔偿责任；构成犯罪的，依法追究刑事责任：

（三）安装、使用不符合气源要求的燃气燃烧器具的；

（四）擅自安装、改装、拆除户内燃气设施和燃气计量装置的；

（八）燃气燃烧器具的安装、维修不符合国家有关标准的。

第三十二条规定了燃气燃烧器具的生产者、销售者有设立或者委托设立售后服务站点，配备经考核合格的安装、维修人员，负责售后的安装、维修服务的责任和义务。燃气燃烧器具管理是燃气安全管理的重要环节。燃气燃烧器具不同于一般的商品，其安装、维修对于满足燃气用户需求、保证用气安全，具有重要意义。燃气燃烧器具安装、维修专业性强，其设计、施工都有严格的技术要求。国家对燃气燃烧器具安装和维修有严格的技术要求和管理规

定，如《燃气燃烧器具安全技术条件》（GB 16914—2012）、《家用燃气燃烧器具安全管理规则》（GB 17905—2008）、《家用燃气燃烧器具安装及验收规程》（CJJ 12—2013）、《城镇燃气室内工程施工与质量验收规范》（CJJ 94—2009）、《燃气采暖热水炉应用技术规程》（CECS215：2006）等。在《家用燃气燃烧器具安全管理规则》（GB 17905—2008）中明确规定，燃气具的安装、改装必须由经过专门培训，并获得当地燃气主管部门资质审查合格的单位和人员进行。燃气燃烧器具不按国家规定进行安装和维修，不仅会影响其正常使用，还可能危及用户的生命和财产安全。

燃气燃烧器具生产单位或销售单位应设立或委托设立售后服务站，由具有资质的单位承担安装、维修业务。售后服务点应加强备品备件、人员培训和服务质量的管理。燃气燃烧器具的安装、维修活动关系人民群众的生命财产安全，直接从事安装、维修作业的人员的岗位技能素质对燃气燃烧器具安装、维修质量有着直接影响。直接从事燃气具安装、维修作业的人员应当经过考核合格。本书为燃气具安装维修工国家职业资格培训系列教程教程中的一本，紧贴《国家职业标准·燃气具安装维修工（试行）》的要求，适用于各级别燃气具安装维修工的职业培训，也是各级别燃气具安装维修工职业鉴定国家题库命题的直接依据。它也为此类作业人员经燃气管理部门持证上岗考核提供了标准和依据。

本条还规定了燃气具安装、维修作业应当符合国家和地方的有关标准。燃气燃烧器具的安装、维修企业应当建立健全管理制度和规范化服务标准，建立用户档案，定期向燃气管理部门报送相关报表，按规定的标准向用户收取费用，对本企业所安装的燃气燃烧器具负有指导用户安全使用的责任。

安装燃气燃烧器具应当按照国家的标准和规范进行，并使用符合国家有关标准的燃气具安装材料和配件。燃气燃烧器具安装企业受理用户安装申请时，不得限定用户购买本企业生产的或者其指定的燃气燃烧器具和相关产品。对用户提供的不符合标准的燃气燃烧器具或者提出不符合安全的安装要求时，燃气燃烧器具安装企业应当拒绝安装。燃气燃烧器具安装企业应当在家用燃气计量表后安装燃气燃烧器具，未经燃气供应企业同意，不得移动燃气计量表及表前设施。燃气燃烧器具安装完毕后，燃气燃烧器具安装企业应当进行检验。检验合格的，检验人员应当给用户出具合格证书。

从事燃气燃烧器具安装维修的企业，应当是燃气燃烧器具生产、销售企业设立的，或者是经燃气具生产、销售企业委托设立的燃气燃烧器具安装维修企业。委托设立的燃气燃烧器具安装维修企业应当与燃气燃烧器具生产、销售企业签订维修委托协议。燃气燃烧器具安装维修企业接到用户报修后，应当在 24 小时内或者在与用户约定的时间内派人维修。

第四十九条是关于燃气用户及相关单位和销售单位违反《城镇燃气管理条例》的相关规定所应承担的法律责任。

燃气燃烧器具生产单位、销售单位的违法情况,包括:①未设立售后服务点或者未配备经考核合格的燃气燃烧器具安装、维修人员的;②燃气燃烧器具的安装、维修不符合国家有关标准的。

七、燃具的安全管理规程

1. 燃具的安装和验收

用户使用燃具必须向当地燃气供应企业提出申请,经批准后方可使用。未经批准,用户不得擅自安装、拆移燃具。

燃气供应企业负责燃气用户的管理,建立用户档案,制定用户安全使用规定,负责用户的安全教育,普及燃气知识。

燃具安装、使用的监督管理工作由当地燃气主管部门负责。

燃具的安装、改装必须由经过专业培训,并获得当地燃气主管部门资质审查合格的单位人员进行。燃具安装后,应由安装单位的监督人员进行检查、登记并签发安装合格标志,贴在燃具外壳明显处。燃具安装时应注重燃具的排烟和通风,保证燃具安全使用。

燃气供应企业对安装、改装完毕的燃具应按燃具的有关标准、规范组织验收,合格并登记后方可供气使用。

燃具的安装、监督、维修人员一律携带有效证件上岗并保证安装、改装质量。安装、改装后必须调试合格,由验收人员现场验收,用户在验收单上签字。

2. 事故处理

(1)燃具用户发生意外事故时,应立即切断燃气气源,打开门窗通风,将伤员抬到空气流通处急救或立即送往医院救治。

(2)第一见证人应保护好现场,立即通知有关部门勘查现场、封存燃具。

(3)事故处理应由燃气主管部门会同公安、消防、劳动等部门组成事故调查组进行调查处理。

(4)处理燃具事故时,应由事故调查组委托有关部门按燃具有关标准、法规对事故做出四个技术鉴定证书,包括燃具安装排烟、燃具使用和维修、燃气及供应质量、燃具质量。

(5)事故燃具复检时,复检单位应对事故燃具清除异物后按不同事故类型进行检测。

1)一氧化碳中毒事故。检测内容包括燃具的气密性、火焰稳定性(界限气)、烟气中一氧化碳含量。

燃具售出一年内,烟气中一氧化碳含量应符合《家用燃气快速热水器》(GB 6932—2015)中的规定;燃具售出一年以上,直排式燃气热水器烟气中一氧化碳含量应小于0.14%,烟道式和平衡式燃气热水器烟气中一氧化碳含量应小于0.28%,燃气灶具烟气中一氧化碳含量应小于 0.14%。

2）燃气泄漏引起的事故。检测内容包括燃气管道和燃具的气密性，燃具燃气入口在 4.2 kPa 的空气压力下，泄漏量应小于 0.07 L/h。

未得到当地燃气主管部门资格认证的安装、改装、维修的单位和人员，由于安装、改装、维修引发的事故，情节严重构成犯罪的由司法机关追究刑事责任；尚不构成犯罪的依照有关法律、法规的规定给予处罚。

由于违反规定造成伤亡事故时，责任者应当赔偿受害人的医疗费、因误工减少收入、残疾者生活补助费、死亡丧葬费、抚恤费、死者生前抚养人的必要生活费及财物直接损失。

八、燃具的安全技术条件

1. 一般条件

（1）燃具的设计制造必须使其按规定正常使用时的操作安全，不应给人员、家畜和财产带来危险。

（2）燃具投放市场时必须带有下列用规范中文表示的说明书和警示标志：供安装人员使用的技术说明书；供用户使用的使用和维护说明书；专用的警示标志，此标志也应同时出现在包装上。

（3）供安装人员使用的技术说明书必须包括安装、调试和维修所需的全部说明书，该说明书应能确保燃具的正确安装、调试、维修及操作安全使用。

说明书中必须有下列内容：所用燃气类型；所用气源压力；需要新鲜空气流动；燃烧产物消散的条件；机械鼓风的燃烧器和装有这些燃烧器的加热设备，其性能和组装应符合可适用的基本要求；在适当的地方，应列出一张由生产单位推荐的组装表。

（4）供用户使用和维护用的说明书必须包括安全使用所需的所有说明，特别是对使用限制、安装环境及通风要求的说明。

（5）燃具和其包装上的警示标志必须清楚地标出所用的燃气类型、气源压力和使用限制，特别是安装环境和通风要求。

（6）设计制造的燃具配件，按安装说明书装入燃具后，必须能够正常履行其预定的用途。

燃具配件的生产企业必须提供安装、调试、操作和维修的说明。

2. 材料

材料必须适合其预定用途，必须能经受住预期的工艺、化学和高温等条件。

事关安全的重要材料，其特性必须由燃具生产企业和材料供应企业予以保证。

3. 设计和制造

（1）总则

1）燃具必须保证在正常使用时，不应有不稳定、变形、泄漏或磨损等危及安全的情况发生。

2）燃具在启动或使用过程中产生的冷凝水不得影响燃具的安全性。

3）燃具必须确保在外部万一着火时，其爆炸危险减至最小。

4）燃具必须保证燃气通路中不发生水和空气的侵入。

5）当辅助能源正常波动时，燃具必须保持安全工作。

6）当辅助能源异常波动、失效或恢复供应时，燃具必须处于安全状态。

7）燃具应能防止交流电源的危害；采用交流电源的燃具和配件应符合低压电气方面的安全要求。

8）燃具的所有承压部件，必须能承受机械和热的应力，并不产生任何影响安全的变形。

9）燃具必须保证当安全、控制和调节装置发生故障时，不会导致不安全状态的发生。

10）当燃具设有安全装置和控制装置时，其安全装置的功能必须由控制装置控制。

燃具中在制造阶段已定位或调整好，且不适合由用户和安装人员操作的部件，必须有适当的保护措施。

手柄和其他控制定位装置必须有明确的标志并给出适当的说明，应避免操作中出现差错；这些装置的设计应能避免误操作的发生。

（2）燃气意外释放

1）燃具必须保证燃气泄漏速率（泄漏量）是没有危险的。

2）燃具必须保证点火、再点火和火焰熄灭之后燃气释放受到限制，应避免未燃燃气在燃具内积聚造成的危险。

3）用于室内的燃具，必须设置防止未燃燃气在室内积聚造成危险的特殊装置。没有安装这种特殊装置的燃具，其安装场所必须有足够的通风，以防止未燃燃气积聚造成的危险。

安装场所空间的大小和通风条件应根据燃具的特性确定。

（3）点火。燃具必须保证点火装置在正常使用时符合下列规定：点火和再点火是稳定和安全的；常明火应是稳定和安全的。

（4）燃烧

1）燃具必须保证在正常使用时火焰稳定和燃烧产物中有害物质的限定浓度。

2）燃具必须保证在正常使用时燃烧产物不会有意外排放。

3）与排放燃烧产物的烟道相连的燃具，必须保证在排烟不正常情况下，不会有危险数量的燃烧产物排放到有关房间内。

4) 独立的无烟道的家用燃气供暖器具和无烟道的其他燃具，必须保证在有关的房间或空间内的一氧化碳浓度，在预定的使用时间内不危害人员的健康。

（5）能源的合理利用。在充分反映技术水平并考虑安全因素的前提下，燃具必须保证能源的合理利用。

（6）温度

1) 设置在靠近地面或其他表面的燃具部件，其温度严禁达到危害周围建筑物的程度。

2) 燃具的按钮和手柄等操作部件，其温度严禁达到危害周围建筑物的程度。

3) 家用燃具外部部件的表面温度，除与辐射有关的表面和部件的温度外，在使用条件下，不得对使用者，特别是儿童造成任何危险，必须为使用者考虑适当的反应时间。

（7）食品和生活用水。在不违反有关规定的前提下，用于制造燃具的材料和零部件，如有可能与食品和生活用水相接触，则不得损害其质量。

九、对初级、中级工进行燃气具安装安全技能培训的主要内容

在整个燃气具安装施工过程中，都要做好安全技术工作。所有参加燃气具安装施工的人员都要接受安全技能培训，要认真贯彻国家和有关部门关于安全施工和安全生产的各项规定，提高对安全技术的认识，认真贯彻安全技术规程。作为技术骨干的高级工应对初级工、中级工进行安全技术教育工作和培训工作，没有接受过安全技术教育和培训的人员，不可参加施工安装。燃气具安装安全技能培训的主要内容如下：

1. 一般安全要求

（1）安全技术组织和安全交底。施工前，在组织施工安装人员进行技术交底的同时，要根据工程的特点进行安全交底，并制定具体的安全技术措施；要检查施工现场周围环境是否符合安全要求，机具是否牢固可靠，安全措施和劳动防护是否配套和完好。

在施工过程中，要将执行安全技术规程做专门记录，发现安全隐患及时报告，待消除安全隐患后再进行施工。

（2）施工现场的安全布置。施工现场应整齐整洁，各种设备、材料要堆放在指定地点；易燃易爆材料堆放点要有警戒标志；现场用火须在指定地点设置，要按规定划出防火区。施工现场架设的电线，悬高度应不得妨碍施工的进行。

（3）安全防护。地下室等室内施工时，照明灯应使用安全电压，并设防护罩。通风不畅的施工死角应采取可靠的通风措施。

2. 燃气管道工程安全技术操作要求

（1）管道安装

室内燃气管道安装前的土建工程，应能满足管道施工安装的要求，在进行土建施工时要进行详细交底：

1）燃气管道周围设施及其他管道情况。

2）危险因素。

3）安全措施。

4）安全操作方法和施工应注意事项。

（2）打墙眼的安全注意事项

1）打眼前应检查四周有无障碍物。易损家具、电气设备和电线等操作前应采取必要的保护措施。

2）打墙眼时，应禁止通行，防止砖块落下伤人。

3）打楼板眼时，应事先与下层住户联系，并在排除障碍物后施工。

（3）管道试压、吹扫的安全注意事项

1）燃气管线的吹扫。用燃气置换空气阶段是最危险的时刻，因此置换速度一定不要过快。

2）试压前必须严格检查所有的接口，如弯头、闸门、三通、排水器、水封、过滤器、调压器及堵头是否有缺陷或未上牢的情况。

3）压力表应经常检查，保持计量准确，以免管道试压时因压力表不准而造成管道受压过大发生事故。

4）试压时检查人员应在外部检查，不准任何人用锤敲击。

5）管件及管道接口需要修理时，必须停止加压，放出气体后方可进行修理。

6）试压前管堵一定要加固，并经安全员检查后方可升压，以防止脱出造成事故。

7）放散管线要固定牢靠，放空阀门要操作灵活。

8）放喷口应设置在开阔地区，严禁对准民房、工厂和交通要道，严禁烟火和断绝交通。

9）置换空气结束后，要等燃气扩散开后才能点火放喷，一般情况下放喷天然气都应点火燃烧，如果不能点火燃烧则必须扩大放喷警戒安全区。

（4）一般机具的安全注意事项

1）用电动弯管机弯管时，手和衣服不要靠近旋转的弯管模，以免被带入机器中。在机器停止转动前，不能从事调整停机挡块的工作。

2）人工套螺纹时，要用管钳子把管子固定牢固。在套螺纹过程中，随时注意是否松动，防止滑脱伤人。套螺纹时两人应分立左右进行操作，一般应套两板以上，套螺纹过程中要经常加注机油，延长板牙寿命。松板牙时不得用力过猛，以免板把伤人，套完螺纹后，要把铰板放稳，避免滑倒砸脚。

3）用钢锯、切管器切割管子时，要垫平卡牢，行锯要平稳，不能用力过猛或过急，临近切断时，要用手或支架托住管子，以免掉下来砸脚。

4）用砂轮切管机切断管子，操作时应站在侧面，并佩戴防护眼镜。

5）使用管钳时应一只手压把，另一只手扶住钳头，禁止两只手压把，以免管钳滑脱伤人。

6）使用管钳及套螺纹板时，不准使用套管借力，防止折断伤人。

7）合理使用工具。小管钳不能用来上大管件。管钳、活扳手不准代替锤子使用。

8）使用台虎钳，钳把不准使用套管借力或用锤子敲打。

9）使用活扳手，开口尺寸应与螺母尺寸相符，并不得在手柄上使用套管借力。

（5）现场用电的安全操作要求

1）非电工不得私自乱动电气设备。

2）电动工具和设备应有可靠接地，使用前应由电工检查是否有漏电现象，没有可靠接地时不得使用。

3）电动工具和设备在使用过程中发生漏电，要立即停止工作，不要擅自拆卸或进行修理。

4）使用电动工具和设备时，应在空载下启动，操作人员要戴上绝缘手套。

（6）现场防火的一般安全知识

1）易燃物要勤清理，烟头不乱丢。严禁吸烟的场所，绝不吸烟。

2）危险作业区应配置消防设施和器材。

3）严格遵守有关防火、防爆措施中的有关规定。

十、燃气具相关标准中的强制性条文

燃气具相关标准中的强制性条文一般用黑体字表示，强制性规定必须严格执行。燃气具产品标准既是生产商制造产品的质量标准，又是维修人员维修产品的质量标准。

十一、气密性的检验及漏气问题分析

1. 检验

《家用燃气灶具》（GB 16410—2007）规定燃气灶的燃气通路气密性能检验技术要求如下：从燃气入口到燃气阀门，在 4.2 kPa 压力下，漏气量≤0.07 L/h（闭阀检验）；自动控制阀门，在 4.2 kPa 压力下，漏气量≤0.55 L/h（闭阀检验）；用 0－1 气点燃燃烧器，从燃气入口到燃烧器火孔无燃气泄漏现象（开阀检验）。标准对耐用性能的规定如下：燃气旋塞阀，动作 15 000 次后，气密性合格，不妨碍使用；熄火保护装置动作 6 000 次后，气密性及开闭阀时间合格，不妨碍使用；电磁阀动作 30 000 次后，气密性合格，不妨碍使用。

气密性能和阀门及阀门总成的耐用性能两项检验的气密性技术要求是相同的。气密性闭阀检验，安装安全保护装置的台式燃气灶（以下简称台式灶）和安装安全保护装置的嵌入式燃气灶（以下简称新型灶）技术要求及试验方法是相同的。但气密性开阀检验，技术要求中从燃气入口至火孔的气密性检验只适合台式灶。因为新型灶的旋塞及电磁阀部位、阀后气管及接头密封部位、燃烧器的内气路部位气密性情况，在开阀状态下，按检验要求的试验方法是无法全面检查阀后气密性情况的。建议按下述试验方法对新型灶进行气密性检验。

（1）气密性检验按照燃气灶标准规定技术条件，用胶管连接仪器出气管口和新型灶进气管口，通气后检查连接胶管的各个气管接口有无气泡（用肥皂水等发泡剂），确定不漏气后进行气密性阀前检验，合格后再进行阀后检验。

（2）阀前气密性检验（闭阀），燃气阀门为关闭状态，其余阀门打开（自动控制阀门检测时关闭自动控制阀门，其余阀门打开检验），观察测漏仪压力，检查阀前进气 T 形管、万向节、阀门及阀门与气管连接位置的气密性情况。

（3）阀后气密性检验准备

1）拆下影响检验的燃气管路、气管接头、喷嘴接头、阀门、电磁阀等部件气密性的外壳、燃烧器等部件。

2）准备专用封闭喷嘴、喷孔的橡胶塞杆或其他封闭喷嘴、喷孔的专用工具。

（4）阀后检验（开阀）

1）打开电磁阀和阀门检验。用橡胶塞杆堵住喷嘴出气口；用机械方法打开电磁阀，将阀门旋塞分别旋至开度最大和最小位置，观察测漏仪压力变化情况。检查阀后包括喷嘴连接螺纹间隙、旋塞的锥面密封、阀后气管及接头、电磁阀外密封垫与阀体接触面、燃烧器内气路的气密性情况。

2）关闭电磁阀，打开阀门检验。不封闭喷嘴出气口，将阀门旋塞旋至开度最大位置，观察测漏仪压力变化情况，检查电磁阀内推杆密封垫与阀体气路密封面的气密性情况。

3）打开电磁阀，关闭阀门检验。不封闭喷嘴出气口，用机械方法打开电磁阀，观察测漏仪压力变化情况，检查阀门单独关闭时旋塞密封面的气密性情况。

（5）燃气灶的旋塞阀或其他类型的燃气灶阀门、熄火保护装置、电磁阀的耐用性能检验后，按气密性检验的相关内容进行气密性检验。

2. 漏气问题分析

下面对新型灶的气密性和旋塞、电磁阀、熄火保护装置耐用性能检测中发现的质量问题进行分类，分析原因，并提出解决问题的建议。

（1）阀体旋塞漏气。原因有密封脂的种类不适合使用，密封脂涂层不均匀等，旋塞及旋塞孔锥面研磨不合格；应选用不易挥发、耐高温、密封性好的专用密封脂产品。严格执行涂层工艺和研磨工艺，检验不合格不组装。

(2) 旋塞内孔与顶针密封面漏气。原因有顶针密封垫与旋塞内孔密封部位设计不合理，有污物，弹簧弹力不符合设计要求，弹簧应选用设计时的钢材绕制并做好热处理，弹簧必须做压力试验；密封胶垫质量有问题，应改用优质密封胶垫；燃气灶应选用优质阀体，检验合格后组装。

(3) 喷嘴与气路连接部位漏气。原因有螺纹加工不规范，安装时螺纹没对正，喷嘴固定不正，使密封面不严。应严格执行螺纹加工工艺及加工检验，螺纹要对正安装，选用适合灶具使用温度要求的专用密封胶或密封脂。

(4) 管接头密封垫漏气。原因有密封垫质量差，密封垫没上正，拧紧扭矩过大或过小等。应选用优质密封垫放正，用规定扭矩安装。

(5) 气管锥面密封不严漏气。原因有气管锥面与气管接头锥度不一致或有划痕、杂质、毛刺，气管和接头锥面要严格按要求加工；气管弯角不规范，使管接口处同心度差，铜管弯角要做胎具样板，使弯角一致，经检验合格后安装。

(6) 燃烧器内气路漏气。原因有铸造砂眼或加工钻孔时钻透气路。应根据漏气原因改进铸造工艺及燃烧器气孔的设计。

(7) 电磁阀内密封垫与阀体气路漏气。原因有密封面加工粗糙，有杂质或弹簧弹力不符合要求。密封面按设计要求加工，安装时清除密封面杂质，选用弹力合格的弹簧。阀门生产厂必须严格出厂检验，灶具生产厂对电磁阀分批抽检。

(8) T形进气管、万向节、阀门进气管接头漏气。原因有密封垫不严，万向节设计不合理，O形圈变形，进气管有裂纹。应选用优质密封垫和O形圈，加工密封面要符合设计要求，安装时要清除杂质，进气管焊接要选用正确焊接方法并经过严格检验。要设计合适包装，运输方法要正确。能够防止振动、撞击引起的漏气。进气管口设计过滤网，可防止杂质混入堵塞气路或磨损阀门锥体密封面引起漏气。

十二、对初级、中级工进行燃气具维修安全技能培训的主要内容

1. 燃气具相关标准中的强制性条文。
2. 燃气具的正确使用和调试方法。
3. 燃气具安全使用常识及燃气安全使用常识。
4. 漏气故障的应急处理。
5. 燃气具修复后的质量检测（有些项目灶具可不检测）

(1) 先看故障是否已排除。

(2) 进行漏水检测。

(3) 进行燃气泄漏检测。

(4) 进行燃烧工况检测。

(5) 检查燃气流量、水流量及热水温度等。

(6) 进行前后制检查。

6. 燃气具拆卸的注意事项

(1) 拆卸零部件之前必须先关闭燃气、供水阀门（电源）。

(2) 拆卸时要小心谨慎，防止在排除故障的同时造成新的故障。

(3) 要爱护用户设备，轻拿轻放，不得砸、撬设备，防止拆下的零部件混入异物。

7. 正确使用各种维修工具。

辅导练习题

一、判断题（下列判断正确的请在括号中打"√"，错误的请在括号中打"×"）

1. 《家用燃气燃烧器具安装及验收规程》（CJJ 12—2013）适用于居民住宅中使用的热水器、单、双眼灶、烤箱、采暖器等燃具的安装和验收。（ ）

2. 燃气具安装标准中的强制性条文，根据不同情况可酌情执行。（ ）

3. 高级工指导初级工、中级工进行燃气具安装主要体现在课堂教学中。（ ）

4. 室内安装燃具时，应远离人经常出入的门及容易倾倒的地方，应远离家具、窗帘等物品，以免引起火灾。（ ）

5. 室外用燃具既可安装在室外，也可安装在室内。（ ）

6. 不同防触电保护类别的燃具安装时，应符合规定的电源插座、开关和电线；电源插座、开关和电线应是经过安全认证的产品。（ ）

7. 《家用燃气灶具》（GB 16410—2007）不适用于火车餐车灶。（ ）

8. 《家用燃气快速热水器》（GB 6932—2015）只包括热水器的技术要求。（ ）

9. 《燃气燃烧器具安全技术条件》（GB 16914—2012）主要针对燃气燃烧器具安全制定的原则性和通用性安全技术规定。（ ）

10. 《家用燃气燃烧器具安全管理规则》（GB 17905—2008）规定了家用燃气燃烧器具的安全要求。（ ）

11. 《环境标志产品技术要求—燃气灶具》（HJ/T 311—2006）规定：使用不同燃气灶具，在额定热负荷条件下，干烟气中 CO 体积分数（$\alpha=1$）不得大于 300×10^{-6}。（ ）

12. 《环境标志产品技术要求—燃气灶具》（HJ/T 311—2006）规定：产品的热效率

应不小于50%。（　　）

13. 燃气燃烧器具的安装、维修应当符合国家有关标准。（　　）

14. 燃气燃烧器具安装企业应当在家用燃气计量表后安装燃气燃烧器具，不经燃气供应企业同意，可以移动燃气计量表及表前设施。（　　）

15. 燃气燃烧器具生产单位、销售单位的违法情况，包括未设立售后服务点或者未配备经考核合格的燃气燃烧器具安装、维修人员等。（　　）

16. 燃气燃烧器具安装维修企业接到用户报修后，应当在48 h内或者在与用户约定的时间内派人维修。（　　）

17. 用户使用燃具必须向当地燃气供应企业提出申请，经批准后方可使用。未经批准，用户不得擅自安装、拆移燃具。（　　）

18. 未得到当地燃气主管部门资格认证的安装、改装、维修的单位和人员，由于安装、改装、维修引发的事故，情节严重构成犯罪的由司法机关追究刑事责任；尚不构成犯罪的依照有关法律、法规的规定给予处罚。（　　）

19. 燃具的设计制造必须使其按规定正常使用时的操作安全，不应对人员、家畜和财产带来危险。（　　）

20. 燃具和其包装上的警示标志必须清楚地标出所用的燃气类型、气源压力和使用限制，特别是安装环境和温度要求。（　　）

21. 用燃气置换空气阶段是最危险的时刻，因此置换速度一定要迅速。（　　）

22. 燃气管道试压前必须严格检查所有的接口，如弯头、闸门、三通、排水器、水封、过滤器、调压器及堵头是否有缺陷或未上牢的情况。（　　）

23. 燃气具相关标准中的强制性条文和推荐性条文，都必须严格执行。（　　）

24. 燃气具产品标准既是生产商制造产品的质量标准，又是维修人员维修产品的质量标准。（　　）

25. 灶具的气密性试验与灶具耐用性试验后的气密性试验技术要求是不相同的。（　　）

26. 管接头密封垫漏气，原因有密封垫质量差，密封垫没上正，拧紧扭矩过大或过小等。（　　）

27. 燃气具修复后的质量检测，首先要查看故障是否已排除。（　　）

28. 燃气灶具要进行前后制检查。（　　）

二、单项选择题（下列每题有4个选项，其中只有1个是正确的，请将其代号填写在横线空白处）

1. ＿＿＿＿不属于燃气具安装标准。

A. 《城镇燃气设计规范》

B. 《城镇燃气室内工程施工与质量验收规范》

C. 《燃气采暖热水炉应用技术规程》

D. 《家用燃气灶具》

2. 燃气具安装标准的强制性条文即燃气具安装标准要点和_____。

A. 设计要求　　　　　　　　　　B. 使用要求

C. 质量要求　　　　　　　　　　D. 测量要求

3. _____一般只能装在室外，不能装在室内。

A. 强排式燃具　　　　　　　　　B. 室外型燃具

C. 平衡式燃具　　　　　　　　　D. 烟道式燃具

4. 室内中低压燃气管道应采用_____，中压管宜采用焊接或法兰连接。

A. 镀锌管　　　　　　　　　　　B. 铜管

C. 铸铁管　　　　　　　　　　　D. 塑料管

5. 燃气表不得安装在堆放易燃、_____品和其他危险品的地方。

A. 易爆　　　B. 易干　　　C. 易流　　　D. 易凝

6. _____不符合燃具安装要求。

A. 安装燃具的地面、墙壁应能承受荷重

B. 燃具可安装在有易燃物堆存的地方

C. 直排式和半密闭式燃具不应安装在有腐蚀性气体和灰尘多的地方

D. 燃具不应装在对其他设备或电气设备有影响的地方

7. 《家用燃气快速热水器》规定了热水器的定义、分类及基本参数、结构要求_____、试验方法、检验规则和标志、包装、运输、储存。

A. 设计要求　　　　　　　　　　B. 使用要求

C. 性能要求　　　　　　　　　　D. 事故处理

8. _____不属于燃气具质量标准。

A. 《家用燃气灶具》（GB 16410—2007）

B. 《家用燃气快速热水器》（GB 6932—2015）

C. 《燃气采暖热水炉》（GB 25034—2010）

D. 《燃气采暖热水炉应用技术规程》（CECS215：2006）

9. 《燃气燃烧器具安全技术条件》规定了燃具投放市场和自由流通、合格评定和_____方面的安全技术要求。

A. 设计要求　　　　　　　　　　B. 基本要求

C. 安装要求   D. 使用要求

10. 《家用燃气燃烧器具安全管理规则》（GB 17905—2008）规定了燃气燃烧器具和_____的安全要求。

    A. 标准件   B. 水暖配件

    C. 燃气燃烧器具配件   D. 燃气表配件

11. 《环境标志产品技术要求 燃气灶具》（HJ/T 311—2006）适用于城市燃气的燃气灶具产品，包括_____。

    A. 单个燃烧器标准额定热流量小于 5.23 kW（4 500 kcal/h）的灶

    B. 标准额定热流量大于 5.82 kW（5 000 kcal/h）的烤箱和烘烤器

    C. 每次焖饭的最大稻米量在 8 L 以下，标准额定热流量小于 4.19 kW（3 600 kcal/h）的燃气饭锅

    D. 单个燃烧器标准额定热流量大于 5.23 kW（4 500 kcal/h）的烤箱灶

12. 《环境标志产品技术要求 燃气灶具》（HJ/T 311—2006）规定使用不同燃气的灶具，在额定热负荷下，干烟气中 CO 体积分数（$\alpha=1$）不得大于_____。

    A. 0.03%   B. 0.05%   C. 0.000 3   D. 300×10^{-6}

13. 燃气燃烧器具生产单位、销售单位应当设立或者委托设立售后服务站点，配备经考核合格的燃气燃烧器具安装、_____人员，负责售后的安装、维修服务。

    A. 维修   B. 设计   C. 制造   D. 试验

14. 燃气燃烧器具安装企业应当在_____安装燃气燃烧器具，未经燃气供应企业同意，不得移动燃气计量表及表前设施。

    A. 家用燃气计量表前   B. 家用燃气计量表后

    C. 入户总阀门后   D. 燃气系统任意处

15. _____不属于燃气燃烧器具生产单位、销售单位的违法情况。

    A. 未设立售后服务点或者未配备经考核合格的燃气燃烧器具安装、维修人员

    B. 安装、使用不符合气源要求的燃气燃烧器具

    C. 燃气燃烧器具的安装、维修符合国家有关标准

    D. 擅自安装、改装、拆除户内燃气设施和燃气计量装置

16. 《家用燃气燃烧器具安全管理规则》（GB 17905—2008）中明确规定，燃气具的安装、改装必须由经过专门培训，并获得_____部门资质审查合格的单位和个人进行。

    A. 工商管理   B. 行政管理

    C. 税务管理   D. 燃气主管

17. 燃具安装、_____的监督管理工作由当地燃气主管部门负责。

A．施工　　　　B．验收　　　　C．设计　　　　D．使用

18．燃具的安装、维修、_____人员一律携带有效证件上岗并保证安装、改装质量。

　　A．试验　　　　B．设计　　　　C．监督　　　　D．验收

19．燃具的设计制造必须使其按规定正常使用时的操作安全，不应对人员、_____和财产带来危险。

　　A．野禽　　　　B．家畜　　　　C．野兽　　　　D．海洋生物

20．燃具和其包装上的警示标志必须清楚地标出所用的燃气类型、气源压力和使用限制，特别是安装环境和_____。

　　A．通风要求　　B．安装时间　　C．使用时间　　D．排水要求

21．在施工前，应组织施工安装人员进行技术交底和_____。

　　A．人员交底　　B．费用交底　　C．安全交底　　D．日期交底

22．_____及管道接口需要修理时，必须停止加压，放出气体后方可进行修理。

　　A．燃具　　　　B．水截门　　　C．压力表　　　D．管件

23．燃气具产品标准既是生产商制造产品的质量标准，又是维修人员_____产品的质量标准。

　　A．维修　　　　B．安装　　　　C．调试　　　　D．操作

24．GB 17905—2008 中_____内容为强制性条款。

　　A．7.2　　　　　B．7.3　　　　　C．4.3　　　　　D．5.3

25．用 0-1 气点燃燃烧器，从燃气入口到_____无燃气泄漏现象（开阀检验）。

　　A．燃烧器火孔　　　　　　　　　B．燃烧器喷嘴
　　C．燃烧器引射器　　　　　　　　D．燃烧器配气管

26．_____是阀体旋塞漏气的原因。

　　A．检验不严格　　　　　　　　　B．密封脂品种不合适
　　C．阀体旋塞材质不合适　　　　　D．润滑剂涂层不均

27．对初级工、中级工进行燃气具维修安全技能培训的主要内容是_____。

　　A．电气安全使用常识及用电安全常识
　　B．燃气具制造后的质量检测
　　C．燃气具相关标准中的强制性条款
　　D．燃气具相关标准中的推荐性条款

28．燃器具拆卸的注意事项包括_____。

　　A．难以拆卸的零部件，允许砸、撬
　　B．拆卸零部件之前只关闭燃气

C. 正确使用各种施工工具

D. 拆卸零部件之前必须首先关闭燃气、供水阀门和电源

三、多项选择题（下列每题的多个选项中，至少有2个是正确的，请将正确答案的代号填在横线空白处）

1. _____ 属于燃气具安装标准。
   A. 《城镇燃气设计规范》
   B. 《城镇燃气室内工程施工与质量验收规范》
   C. 《燃气采暖热水炉应用技术规程》
   D. 《家用燃气灶具》
   E. 《家用燃气燃烧器具安装及验收规程》

2. 燃气具安装标准的强制性条文即燃气具安装 _____ 。
   A. 设计要求   B. 使用要求
   C. 质量要求   D. 测量要求
   E. 标准要点

3. _____ 一般只能装在室内，不能装在室外。
   A. 强排式燃具   B. 室外型燃具
   C. 平衡式燃具   D. 烟道式燃具
   E. 直排式燃具

4. 用户引入管不得敷设在 _____ 等地方。
   A. 卧室   B. 厨房
   C. 浴室   D. 非居住房间
   E. 厕所

5. 燃气表不得安装在堆放 _____ 品和其他危险品的地方。
   A. 易爆   B. 易干
   C. 易流   D. 易凝
   E. 易燃

6. 符合燃具安装要求的是 _____ 。
   A. 安装燃具的地面、墙壁应能承受荷重
   B. 燃具安装应考虑检修的方便，排气筒、给排气筒应在易安装和检修处安装
   C. 直排式和半密闭式燃具不应安装在有腐蚀性气体和灰尘多的地方
   D. 燃具不应装在对其他设备或电气设备有影响的地方
   E. 燃具可安装在有易燃物堆存的地方

7. 家用燃气快速热水器标准规定了热水器的定义、分类及_____、试验方法、检验规则和标志、包装、运输、储存。

  A. 设计要求   B. 使用要求

  C. 性能要求   D. 基本参数

  E. 结构要求

8. 属于燃气具质量标准的是_____。

  A.《城镇燃气设计规范》（GB 50028—2006）

  B.《家用燃气快速热水器》（GB 6932—2015）

  C.《燃气采暖热水炉》（GB 25034—2010）

  D.《燃气采暖热水炉应用技术规程》（CECS215：2006）

  E.《家用燃气灶具》（GB 16410—2007）

9.《燃气燃烧器具安全技术条件》规定了燃具_____方面的安全技术要求。

  A. 投放市场   B. 基本要求

  C. 自由流通   D. 合格评定

  E. 设计要求

10.《家用燃气燃烧器具安全管理规则》（GB 17905—2008）规定了_____的安全要求。

  A. 标准件   B. 水暖配件

  C. 燃气燃烧器具配件   D. 燃气燃烧器具

  E. 燃气表配件

11.《环境标志产品技术要求　燃气灶具》（HJ/T 311—2006）适用于城市燃气的燃气灶具产品，包括_____。

  A. 单个燃烧器标准额定热流量小于 5.23 kW（4 500 kcal/h）的灶

  B. 标准额定热流量大于 5.82 kW（5 000 kcal/h）的烤箱和烘烤器

  C. 每次焖饭的最大稻米量在 4 L 以下，标准额定热流量小于 4.19 kW（3 600 kcal/h）的燃气饭锅

  D. 单个燃烧器标准额定热流量大于 5.23 kW（4 500 kcal/h）的烤箱灶

  E. 标准额定热流量小于 5.82 kW（5 000 kcal/h）的烤箱和烘烤器

12.《环境标志产品技术要求　燃气灶具》（HJ/T 311—2006）规定使用不同燃气的灶具，在额定热负荷下，干烟气中 CO 体积分数（$\alpha=1$）不得大于_____。

  A. 0.03%   B. 0.05%

  C. 0.000 3   D. 0.003%

E. 300×10^{-6}

13. 燃气燃烧器具生产单位、销售单位应当设立或者委托设立售后服务站点，配备经考核合格的燃气燃烧器具_____人员，负责售后的安装、维修服务。

   A. 维修　　　　　　　　　　　　B. 设计
   C. 制造　　　　　　　　　　　　D. 试验
   E. 安装

14. 《家用燃气燃烧器具安全管理规则》（GB 17905—2008）中规定的燃具安装者及维修者的责任和义务包括_____。

   A. 燃具安装单位、维修单位必须经过资质认定
   B. 燃具安装者、维修者必须经过培训，并获得资格认定
   C. 燃具安装、维修必须符合相关标准的要求
   D. 安装者、维修者应对安装和维修的燃具质量负责
   E. 安装者、维修者有义务向消费者进行安全宣传

15. _____属于燃气燃烧器具生产单位、销售单位的违法情况。

   A. 未设立售后服务点或者未配备经考核合格的燃气燃烧器具安装、维修人员
   B. 安装、使用不符合气源要求的燃气燃烧器具
   C. 燃气燃烧器具的安装、维修符合国家有关标准
   D. 擅自安装、改装、拆除户内燃气设施和燃气计量装置
   E. 将燃气管道作为负重支架或者接地引线

16. GB 17905—2008 中明确规定，燃气具的_____，必须由经过专门培训，并获得燃气主管部门资质审查合格的单位和个人进行。

   A. 销售　　　　　　　　　　　　B. 安装
   C. 改装　　　　　　　　　　　　D. 试验
   E. 设计

17. 燃具_____的监督管理工作由当地燃气主管部门负责。

   A. 施工　　　　　　　　　　　　B. 验收
   C. 安装　　　　　　　　　　　　D. 使用
   E. 设计

18. 燃具的_____人员一律携带有效证件上岗并保证安装、改装质量。

   A. 试验　　　　　　　　　　　　B. 安装
   C. 监督　　　　　　　　　　　　D. 维修
   E. 设计

19. 燃具的设计制造必须使其安规定正常使用时的操作安全，不应对_____和财产带来危险。

    A. 人员 B. 家畜

    C. 野兽 D. 海洋生物

    E. 野禽

20. 燃具和其包装上的警示标志必须清楚地标出所用的燃气类型、气源压力和使用限制，特别是_____。

    A. 通风要求 B. 安装时间

    C. 使用时间 D. 排水要求

    E. 安装环境

21. 在施工前，应组织施工安装人员进行_____。

    A. 人员交底 B. 技术交底

    C. 安全交底 D. 日期交底

    E. 费用交底

22. _____需要修理时，必须停止加压，放出气体后方可进行修理。

    A. 燃具 B. 水截门

    C. 压力表 D. 管件

    E. 管道接口

23. 燃气具产品标准是生产商和维修人员_____的质量标准。

    A. 维修产品 B. 安装产品

    C. 调试产品 D. 试验产品

    E. 制造产品

24. GB 17905—2008 中_____内容为强制性条款，其余为推荐性条款。

    A. 7.3 B. 8.3

    C. 8.4 D. 5.3

    E. 8.5

25. 燃气灶的旋塞阀或_____的耐用性能检验后，按气密性检验内容进行气密性检验。

    A. 熄火保护装置 B. 燃烧器

    C. 电磁阀 D. 比例阀

    E. 其他类型的燃气灶阀门

26. _____是阀体旋塞漏气的原因。

A. 检验不严格　　　　　　　　　　B. 密封脂品种不合适

C. 阀体旋塞材质不合适　　　　　D. 润滑剂涂层不均

E. 密封脂涂层不均匀

27. 对初级工、中级工进行燃气具维修安全技能培训的主要内容是_____。

A. 电气安全使用常识及用电安全常识

B. 燃气具修复后的质量检测

C. 燃气具相关标准中的强制性条款

D. 燃气具相关标准中的推荐性条款

E. 漏气故障的应急处理

28. 燃器具拆卸的注意事项包括_____。

A. 难以拆卸的零部件，允许砸、撬

B. 拆卸零部件之前只关闭燃气

C. 正确使用各种维修工具

D. 拆卸零部件之前必须先关闭燃气、供水阀门和电源

E. 拆卸时要小心谨慎，防止在排除故障的同时造成新的故障

参考答案及说明

一、判断题

1. √。《家用燃气燃烧器具安装及验收规程》（CJJ 12—2013） 适用于居民住宅中使用的热水器，单、双眼灶，烤箱，采暖器等燃具的安装和验收。

2. ×。燃气具安装标准中的强制性条文，必须严格执行。

3. ×。高级工指导初级工、中级工进行燃气具安装主要体现在实际工作中。

4. √。室内安装燃具时，应远离人经常出入的门及容易倾倒的地方，应远离家具、窗帘等物品，以免引起火灾。

5. ×。室外用燃具一般只能安装在室外，不能安装在室内。

6. √。不同防触电保护类别的燃具安装时，应符合规定的电源插座、开关和电线；电源插座、开关和电线应是经过安全认证的产品。

7. √。《家用燃气灶具》（GB 16410—2007）不适用于移动的运输交通工具中使用的燃气灶具，如火车餐车灶。

8. ×。《家用燃气快速热水器》（GB 6932—2015）包括热水器的技术要求和热水器安装技术要求等。

9. √。《燃气燃烧器具安全技术条件》(GB 16914—2012)主要针对燃气燃烧器具安全制定的原则性和通用性安全技术规定。

10. ×。《家用燃气燃烧器具安全管理规则》(GB 17905—2008)规定了家用燃气燃烧器具和燃气燃烧器具配件的安全要求。

11. √。《环境标志产品技术要求—燃气灶具》(HJ/T 311—2006)规定：使用不同燃气灶具，在额定热负荷条件下，干烟气中 CO 体积分数（$\alpha=1$）不得大于 300×10^{-6}。

12. ×。《环境标志产品技术要求—燃气灶具》(HJ/T 311—2006)规定：产品的热效率应不小于 60%。

13. √。燃气燃烧器具的安装、维修应当符合国家有关标准。

14. ×。燃气燃烧器具安装企业应当在家用燃气计量表后安装燃气燃烧器具，不经燃气供应企业同意，不得移动燃气计量表及表前设施。

15. √。燃气燃烧器具生产单位、销售单位的违法情况，包括未设立售后服务点或者未配备经考核合格的燃气燃烧器具安装、维修人员等。

16. ×。燃气燃烧器具安装维修企业接到用户报修后，应当在 24 h 内或者在与用户约定的时间内派人维修。

17. √。用户使用燃具必须向当地燃气供应企业提出申请，经批准后方可使用。未经批准，用户不得擅自安装、拆移燃具。

18. √。未得到当地燃气主管部门资格认证的安装、改装、维修的单位和人员，由于安装、改装、维修引发的事故，情节严重构成犯罪的由司法机关追究刑事责任；尚不构成犯罪的依照有关法律、法规的规定给予处罚。

19. √。燃具的设计制造必须使其按规定正常使用时的操作安全，不应对人员、家畜和财产带来危险。

20. ×。燃具和其包装上的警示标志必须清楚地标出所用的燃气类型、气源压力和使用限制，特别是安装环境和通风要求。

21. ×。用燃气置换空气阶段是最危险的时刻，因此置换速度一定不要太快。

22. √。燃气管道试压前必须严格检查所有的接口，如弯头、闸门、三通、排水器、水封、过滤器、调压器及堵头是否有缺陷或未上牢的情况。

23. ×。燃气具相关标准中的强制性条文一般用黑体字表示，强制性规定必须严格执行。

24. √。燃气具产品标准既是生产商制造产品的质量标准，又是维修人员维修产品的质量标准。

25. ×。灶具的气密性试验与灶具耐用性试验后的气密性试验技术要求是相同的。

26. √。管接头密封垫漏气，原因有密封垫质量差，密封垫没上正，拧紧扭矩过大或过小等。

27. √。燃气具修复后的质量检测，首先要查看故障是否已排除。

28. ×。燃气灶具没有前后制检查的内容，家用燃气热水器才进行前后制检查。

二、单项选择题

1. D　2. C　3. B　4. A　5. A　6. B　7. C　8. D　9. B
10. C　11. A　12. D　13. A　14. B　15. C　16. D　17. D　18. C
19. B　20. A　21. C　22. D　23. A　24. B　25. A　26. B　27. C
28. D

三、多项选择题

1. ABCE　2. CE　3. ACDE　4. ACE　5. AE　6. ABCD
7. CDE　8. BCE　9. ABCD　10. CD　11. ACE　12. DE
13. AE　14. ABCDE　15. ABDE　16. BC　17. CD　18. BCD
19. AB　20. AE　21. BC　22. DE　23. AE　24. ABCE
25. ACE　26. BE　27. BCE　28. CDE

第 2 部分　高级操作技能鉴定指导

第 1 章　管路安装技术准备与试验

考 核 要 点

操作技能考核范围	考核要点	重要程度
现场测绘	1. 放线	★★★
	2. 按放线线路一次对每条管段进行尺寸测量确定构造长度	★★★
	3. 绘制管道安装图	★★★
	4. 管段的下料长度的计算和确定	★★★
管道的强度和严密性试验	1. 室内燃气管道的强度试验	★★
	2. 室内燃气管道的严密性试验	★★★
	3. 填写强度试验和严密性试验记录	★★★

注：重要程度中，"★"为级别最低，"★★★"为级别最高。

辅导练习题

【题目1】放线

1. 考核要求

（1）熟悉施工图，明确安装质量要求和安装工艺要求。

（2）正确掌握管道安装放线的操作方法。

（3）正确将管道、管件、设备标记在建筑物上。

2. 准备工作

（1）施工图、安装规范。

（2）钢卷尺、划笔、纸、签字笔、铅笔等。

（3）模拟施工现场。

3. 考核时间

标准时间为 20 min，每超过 2 min 从本题总分中扣除 2 分，操作过程超过 10 min 本题为零分。

4. 评分项目及标准

评分项目	评分要点	配分	评分标准及扣分
熟悉施工图，了解管道安装的质量要求和工艺要求	（1）掌握施工图中的主要内容 1）设备的数量、名称和编号；定位尺寸、接管方位及其标高 2）管子、管件、阀门的规格和编号；坡度坡向、定位尺寸、标高尺寸及阀门的位置情况 3）各路管线的起终点及管线与管线、管线与设备或建筑物之间的位置关系 （2）燃气管道安装质量要求和工艺要求 1）管道施工图设计施工说明 2）《城镇燃气室内工程施工与质量验收规范》（CJJ 94—2009）	5	口答不能说出施工图的主要内容和管道施工设计施工说明及标准规范要求酌情扣分，扣完为止
结合现场，对施工图进行核查	按施工图结合现场实际情况，对设备配置、配件尺寸进行检查核对，发现设计图有差错，及时办理设计变更，以保证管道施工能顺利进行，不要擅自修改原设计	5	未进行现场勘查或施工图纠错或擅自修改原设计扣 5 分
对管道、管件、设备的准确位置进行标记	按设计和施工双方认可的施工图和不同房间相对应的管道、管件、设备、管道走向、管长、管径及实际安装位置，用划笔将其一一准确标记在现场建筑物上	5	不能准确标记酌情扣分，最多扣 5 分
绘制安装草图	管道放线的同时按照管道走向绘制出标有管段编号、管径、变径、预留管口及阀门位置等的安装草图。如果施工图中含有系统安装图也可在此图上按实际勘查结果进行标注，形成安装草图	5	绘制方法不正确，位置标注不准确，酌情扣分，扣完为止
合计		20	

【题目2】 按放线线路一次对每条管段进行尺寸测量确定构造长度

1. 考核要求
（1）熟悉构造长度的概念。
（2）能够正确测量管段尺寸，填写统计表，标注构造长度。
（3）模拟施工现场。

2. 准备工作
（1）安装现场已进行了放线工作。
（2）卷尺、钢直尺、签字笔、线锤、水平仪、统计表等。

3. 考核时间
标准时间为 10 min，每超过 1 min 从本题总分中扣除 2 分，操作过程超过 5 min 本题为零分。

4. 评分项目及标准

评分项目	评分要点	配分	评分标准及扣分
构造长度的概念	构造长度是指管道系统中两相邻零件或零件与设备中心间的距离	5	不能说出构造长度的概念酌情扣分，扣完为止
对管段进行尺寸测量	按放线线路（或管段编号）和实际安装位置标记依次测量每条管路的准确尺寸（构造长度），测量时一般为两人操作，要求每次拉尺松紧要一致；读数要准确，精确至毫米；每测完一段尺寸都要及时记录在统计表上，字迹要清楚	10	不能正确测量或操作不规范；读数不准确或记录测量结果不完全扣 5 分
在草图上填注构造长度	测量尺寸的同时，将每一管段的构造长度，对照管段号，相应填注在安装草图上，此项操作也可在测量完成后进行	5	未填注构造长度或填注错误扣 5 分
合计		20	

【题目3】 绘制管道安装图

1. 考核要求
（1）熟悉管道安装图的作用和形式。
（2）掌握管道安装图（轴测图）的绘图方法。

2. 准备工作

（1）管段测量记录表、安装草图。

（2）绘图纸、绘图工具、图板或计算机、绘图软件等。

3. 考核时间

标准时间为 20 min，每超过 2 min 从本题总分中扣除 2 分，操作过程超过 10 min 本题为零分。

4. 评分项目及标准

评分项目	评分要点	配分	评分标准及扣分
管道安装图的作用、形式	室内燃气管道安装图是管段下料的依据，该图反映管段的数量、形状和长度。安装图一般绘制成系统图（轴测图）的形式	5	对管道安装图的作用、形式不了解、不熟悉的酌情扣分，扣完为止
分析安装草图	将放线时按管道走向绘制标有管段号、管径的草图进行分析整理。测量时，未进行构造长度填注的，需将记录统计表上的实际测量尺寸（构造长度）填注在草图上	5	未对草图进行分析整理或构造长度未注或有误的酌情扣分，扣完为止
绘制正式安装图	铺好图纸，选择绘图比例，用绘图工具按一定比例将草图整理绘制成正式安装图；也可用计算机进行绘制，然后打印出图，画局部大样，标注尺寸	10	画线操作不正确的酌情扣分，扣完为止
合计		20	

【题目4】 管段的下料长度的计算和确定

1. 考核要求

（1）熟悉管段安装长度、管段下料长度的概念及管段下料长度的计算公式。

（2）了解管件留量的含义及管件的查表确定方法。

（3）正确计算和确定管段的下料长度。

2. 准备工作

（1）管道安装图、管件留量尺寸表等。

（2）计算器、纸、笔等。

3. 考核时间

标准时间为 15 min，每超过 1.5 min 从本题总分中扣除 2 分，操作过程超过 7.5 min 本题为零分。

4. 评分项目及标准

评分项目	评分要点	配分	评分标准及扣分
管段安装长度、管段下料长度的概念及下料长度计算公式	(1) 管段安装长度，管路中的管子、管件、阀门、仪器元件等的有效长度，称为安装长度。管段中管子在轴线方向上的有效长度，称为管段安装长度 (2) 两管件（或阀门）中心线之间的长度称为构造长度，管段中两管件或与设备口间装配的管子的实际长度称为下料长度。计算下料长度是为了确定管段的预加工长度，为以后的划线切割提供准确尺寸依据 (3) 管段的下料长度可按下式进行计算： $$L_{下} = L_{构} - 2a$$ 式中 $L_{下}$——管段的下料长度； $L_{构}$——管段的构造长度； a——管件留量，由管子螺纹的拧入长度和管件长度决定。拧入长度即管段拧入管件（或零件）内螺纹部分的长度，管件长度即管件自身的长度 下料长度等于构造长度减去2倍的管件留量，或管段的下料长度等于其安装长度加上拧入管件（或零件）内螺纹部分的长度	5	口述不能正确回答出安装长度、下料长度的概念及下料长度计算公式的酌情扣分，扣完为止
熟悉图样，查找构造长度及尺寸规格	熟悉图样的目的是了解设计意图、工艺要求，弄清系统走向、标高、位置和交叉物等，按管段编号依次在图中找到各管段的构造长度、管径、与管段相连接的管件的尺寸规格，并列表记录	5	对图样的设计意图、工艺要求等不熟悉，不能正确完全查找构造长度、尺寸规格的酌情扣分，扣完为止
确定管件留量	根据记录表上所统计的管件的规格、尺寸、材质等查管件留量尺寸表，将查出的管件留量填写在记录表中	5	不能正确查找确定管件留量的酌情扣分，扣完为止
计算下料长度，填写计算结果	在计算前，要核对数据是否完整，然后将数据代入公式中，用计算器计算，将计算好的下料长度按管段编号填写到相应栏目中	5	不能正确将相关数据代入公式或计算结果不正确的扣5分
合计		20	

【题目5】 室内燃气管道的强度试验

1. 考核要求

(1) 掌握 CJJ 94—2009 8.2 强度试验相关规定。

(2) 能够按规范要求对室内燃气管道进行强度试验。

2. 准备工作

(1) 试验方案已编制。

(2) 螺纹连接、法兰连接部位及其他待检部位尚未作涂漆和隔热层。

(3) 小型空气压缩机、肥皂水、毛刷、弹簧管压力表（量程为被测最大压力的 1.5～2 倍，精度 0.4 级）。

(4) 模拟低压燃气管道系统。

3. 考核时间

标准时间为 30 min，每超过 3 min 从本题总分中扣除 2 分，操作过程超过 15 min 本题为零分。

4. 评分项目及标准

评分项目	评分要点	配分	评分标准及扣分
CJJ 94—2009 8.2 相关规定	8.2 强度试验 8.2.1 室内燃气管道强度试验的范围应符合下列规定： 1. 明管敷设时，居民用户应为引入管阀门至燃气计量装置前阀门之间的管道系统；暗埋或暗封敷设时，居民用户应为引入管阀门至燃具接入管阀门（含阀门）之间的管道 2. 商业用户及工业企业用户应为引入管阀门至燃具接入管阀门（含阀门）之间的管道（含暗埋或暗封的燃气管道） 8.2.2 待进行强度试验的燃气管道系统与不参与试验的系统、设备、仪表等应隔断，并应有明显的标志或记录，强度试验前安全泄放装置应已拆下或隔断 8.2.3 进行强度试验前，管内应吹扫干净，吹扫介质宜采用空气或氮气，不得使用可燃气体 8.2.4 强度试验压力应为设计压力的 1.5 倍且不得低于 0.1 MPa 1. 设计压力小于 10 kPa 时，试验压力为 0.1 MPa 2. 设计压力大于或等于 10 kPa 时，试验压力为设计压力的 1.5 倍，且不得小于 0.1 MPa	5	口述回答低压燃气管道强度试验规范不正确的酌情扣分，最多扣 5 分

续表

评分项目	评分要点	配分	评分标准及扣分
CJJ 94—2009 8.2 相关规定	8.2.5 强度试验应符合下列规定： 1. 在低压燃气管道系统达到试验压力时，稳压不少于 0.5 h 后，应用发泡剂检查所有接头，无渗漏、压力计量装置无压力降为合格 2. 在中压燃气管道系统达到试验压力时，稳压不少于 0.5 h 后，应用发泡剂检查所有接头，无渗漏、压力计量装置无压力降为合格；或稳压不少于 1 h，观察压力计量装置，无压力降为合格 3. 当中压以上燃气管道系统进行强度试验时，应在达到试验压力的 50% 时停止不少于 15 min，用发泡剂检查所有接头，无渗漏后方可继续缓慢升压至试验压力并稳压不少于 1 h 后压力计量装置无压力降为合格		口述回答低压燃气管道强度试验规范不正确的酌情扣分，最多扣 5 分
外观检查、管道加固	外观检查包括：室内燃气管道与其他各类管道的最小平行、交叉净距（结合尺量）；燃气管道螺纹连接根部螺纹外露 1~3 扣，镀锌钢管和管件的镀锌层和螺纹露出部分防腐良好，接口处无外露密封材料；铜管钎焊的钎缝表面应光滑，不得有气孔、未熔合、较大焊瘤或钎焊边缘被熔融等缺陷；管道支架安装平正牢固，排列整齐，支架与管道接触紧密；对管道进一步加固，对不参与和参与的管道进行隔断	5	口述回答不正确的酌情扣分，扣完为止
强度试验	强度试验在连接燃气表和燃具前进行： (1) 连接空压机、管路、仪表等 (2) 启动空压机，向参与试验的燃气管道内充气 (3) 打开进气阀门，让试验压力均匀缓慢上升 (4) 一边充压，一边对管道进行观察，当达到试验压力后，稳压 0.5 h，然后检漏（考试时，稳压时间可适当缩短）	10	未按要求试验或操作不规范的酌情扣分，扣完为止
刷肥皂水检漏	(1) 用小毛刷蘸肥皂水刷每一个接口（包括焊口）所有部位，刷时要仔细，最好一个接口刷 2 次或 3 次，对有缝钢管的管身焊缝也要检查 (2) 有漏气点时，会把肥皂水吹起气泡来，观察有无气泡出现	5	不能正确检漏或者找不出漏气点的酌情扣分，扣完为止

续表

评分项目	评分要点	配分	评分标准及扣分
刷肥皂水检漏	（3）当发现有漏气点时，要及时画出漏气点的准确位置，并做记号 （4）放掉管内压缩空气		不能正确检漏或者找不出漏气点的酌情扣分，扣完为止
安全文明施工	工完场清，环境整洁，操作中无安全事故	5	有不文明操作的酌情扣分，扣完为止。发生重大安全事故计零分
合计		30	

【题目6】室内燃气管道的严密性试验

1．考核要求

（1）掌握 CJJ 94—2009 8.3 严密性试验相关规定。

（2）能够按规范要求对室内燃气管道进行严密性试验。

2．准备工作

（1）试验方案已编制。

（2）螺纹连接、法兰连接部位及其他待检部位尚未作涂漆和隔热层。

（3）小型空气压缩机、肥皂水、毛刷、弹簧管压力表（量程为被测最大压力的 1.5~2 倍，精度 0.4 级）、U 形管压力计（最小刻度为 1 mm）。

（4）模拟低压燃气管道系统。

（5）强度试验已合格。

3．考核时间

标准时间为 20 min，每超过 2 min 从本题总分中扣除 2 分，操作过程超过 10 min 本题为零分。

4．评分项目及标准

评分项目	评分要点	配分	评分标准及扣分
CJJ 94—2009 8.3 相关规定	8.3 严密性试验 8.3.1 严密性试验范围应为引入管阀门至燃具前阀门之间的管道。通气之前还应对燃具前阀门至燃具之间的管道进行检查 8.3.2 室内燃气系统的严密性试验应在强度试验之后进行	5	口述回答低压燃气管道严密性试验规范不正确的酌情扣分，最多扣5分

续表

评分项目	评分要点	配分	评分标准及扣分
CJJ 94—2009 8.3 相关规定	8.3.3 严密性试验应符合下列要求： 1. 低压管道系统 试验压力应为设计压力且不得低于 5 kPa。在试验压力下，居民用户应稳压不少于 15 min，商业和工业企业用户应稳压不少于 30 min，并用发泡剂检查全部连接点，无渗漏、压力计无压力降为合格 当试验系统中有不锈钢波纹软管、覆塑铜管、铝塑复合管、耐油胶管时，在试验压力下的稳压时间不宜小于 1 h，除对各密封点检查外，还应对外包覆层端面是否有渗漏现象进行检查。 2. 中压及以上压力管道系统 试验压力应为设计压力且不得低于 0.1 MPa。在试验压力下稳压不得小于 2 h，用发泡剂检查全部连接点，无渗漏、压力计量装置无压力降为合格 8.3.4 低压燃气管道严密性试验的压力计量装置应采用 U 形压力计		口述回答低压燃气管道严密性试验规范不正确的酌情扣分，最多扣 5 分
严密性试验	（1）强度试验合格后，打开放气阀，注意开度不要太大，缓慢释放试验管段中的部分空气 （2）一边放气，一边观察压力表，当管内空气压力降至严密性试验压力时，立即关闭放气阀门 （3）达到试验压力后观测或稳压时间应符合以下要求： 1）低压燃气管道试验时间。居民用户试验 15 min，商业和工业用户试验 30 min，观察压力表，无压力降为合格。当试验系统中有不锈钢波纹软管、覆塑铜管、铝塑复合管、耐油胶管时，在试验压力下的稳压时间不宜小于 1 h，除对各密封点检查外，还应对外包覆层端面是否有渗漏现象进行检查 2）中压燃气管道试验时间。稳压不小于 2 h，达到稳压时间后，观测 1 h 无压力降为合格	10	未按要求试验或操作不规范的酌情扣分，扣完为止
安全文明施工	工完场清，环境整洁，操作中无安全事故	5	有不文明操作的酌情扣分，扣完为止。发生重大安全事故计零分
合计		20	

【题目 7】 填写强度试验和严密性试验记录

1. 考核要求

（1）熟悉管道系统压力试验记录表的主要内容。

（2）能够填写强度试验和严密性试验记录。

2. 准备工作

管道系统压力试验记录表、签字笔、文件夹等。

3. 考核时间

标准时间为 10 min，每超过 1 min 从本题总分中扣除 2 分，操作过程超过 5 min 本题为零分。

4. 评分项目及标准

评分项目	评分要点	配分	评分标准及扣分
记录表填写内容	工程项目的名称、工号、被测燃气管段编号、管子的材质、管路设计压力参数、强度试验压力参数、严密性试验压力参数及主管部门、建设单位、施工单位签字栏等	5	不能说出记录表填写内容的酌情扣分，扣完为止
填写记录表	（1）填写工程项目名称及工号。工程项目名称及工号在设计图上能查到，例如，××××小区室内燃气管道安装工程，工号 05 （2）填写管道编号、材质。被测管道要预先编好号，从设计图上了解管道的材质，然后填入表格中 （3）填写设计压力、介质。设计压力是设计图上的标称值，这里的试验介质是图样所规定的介质 （4）填写强度试验压力、介质及结论。填写强度试验压力、介质、试验结论时要按编号逐项逐行填写。要求数据准确，字迹工整 （5）填写严密性试验压力、介质及结论。填写严密性试验压力、介质、试验结论时也要按编号逐项逐行填写。要求数据准确，字迹工整	10	不会填写或填写数据错误的酌情扣分，扣完为止
施工单位检验员、试验人员签字	施工单位参与试验和检验的人员对填写的所有数据和结论认真核实后，在相应签字处签字	5	忘记签字的酌情扣分，扣完为止
合计		20	

第 2 章 燃气灶具的维修

考 核 要 点

操作技能考核范围	考核要点	重要程度
多功能燃气灶具维修	1. 点火装置的维修	★★★
	2. 熄火保护装置的检修	★★★
	3. 自动控制装置的维修	★★★
更换配件及功能核查	1. 更换燃气灶喷嘴及燃烧器	★★★
	2. 更换控制盒	★★★
	3. 多功能灶具维修后的功能核查	★★

注：重要程度中，"★"为级别最低，"★★★"为级别最高。

辅导练习题

【题目 1】 点火装置的维修

1. 考核要求

（1）熟悉《家用燃气灶具》（GB 16410—2007）中关于电点火装置的相关规定。

（2）掌握压电陶瓷或电脉冲点火装置的失效原因。

（3）能对失效的点火装置进行维修。

2. 准备工作

（1）压电陶瓷点火装置总成或配件、电脉冲点火器、点火针、高压点火引线等。

（2）活扳手、旋具等。

（3）灶具使用说明书。

3. 考核时间

标准时间为 10 min，每超过 1 min 从本题总分中扣除 2 分，操作过程超过 5 min 本题为零分。

4. 评分项目及标准

评分项目	评分要点	配分	评分标准及扣分
《家用燃气灶具》（GB 16410—2007）电点火装置相关规定及点火装置失效原因	（1）《家用燃气灶具》（GB 16410—2007）对电点火装置的规定：点 10 次有 8 次以上点燃，不能连续 2 次失效，无爆燃 （2）点火装置失效原因 1）气路系统问题 ①气源开关未开或气压不足 ②胶管压扁、扭折或堵塞 ③气压太高造成气流速度太快，冲击电火花 ④点火喷嘴太大，造成气流过大，冲击电火花 2）电路系统问题 ①压电陶瓷点火 a. 电路系统接触不良，电源线脱落或松动，如点火输出电缆未与瓷头连接牢固等 b. 输出电缆破损，造成抄近打火 c. 高压电极间隙不合适，点火电极、感应电极受到污染 d. 点火装置内部故障。开关总成内部撞击块磨损或破裂 ②电脉冲点火 a. 电脉冲点火器无电池或电池电压不足或电池正负极装反 b. 电路系统接触不良，电源线脱落或松动，如点火输出电缆未与瓷头连接牢固等 c. 输出电缆破损，造成抄近打火 d. 高压电极间隙不合适，点火电极、感应电极有污染 e. 点火装置内部故障。电脉冲点火总成微动开关接触不良	5	口述或笔答，不能准确说出《家用燃气灶具》（GB 16410—2007）电点火装置相关规定及点火装置失效原因的酌情扣分，扣完为止
熟悉说明书，了解点火方式及故障情况	熟悉灶具使用说明书，了解待修灶的点火方式、使用方法、故障现象、使用时间等	5	对灶具点火方式、使用方法、故障现象、使用时间等不了解的酌情扣分，扣完为止

续表

评分项目	评分要点	配分	评分标准及扣分
观察、分析、判断	打开气、电源，反复点火，仔细观察打火状况。若点火不着，确认点火装置故障存在，则应对故障原因进行分析判断，确认是气路问题、电路问题还是点火装置内部问题引发点火装置失效	5	不能正确分析判断故障原因的酌情扣分，扣完为止
故障排查检修	(1) 关闭气源，根据判断结果进行故障排查 (2) 找出故障点后，进行相应的维修 (3) 安装零配件。安装检修时拆下的或需要更换的零配件，组装灶具	10	操作不规范或维修不符合要求的酌情扣分，扣完为止
试漏、试火	(1) 试漏。组装完成后的灶具应进行气密性检查，用刷肥皂水的方法对灶具和管路的所有连接部位进行检漏 (2) 试火。打开气源，开启燃气灶，反复点火，如点火正常，点火装置操作灵活自如，则点火装置维修完成	5	安装不规范或不符合要求的酌情扣分，扣完为止。未试漏扣2分
安全文明施工	工完场清，环境整洁，无安全事故	5	有不文明操作的酌情扣分，扣完为止。发生重大安全事故计零分
合计		35	

【题目2】 熄火保护装置的检修

1. 考核要求

(1) 熟悉燃气灶熄火保护装置的失效原因。

(2) 能够对损坏的熄火保护装置进行维修。

2. 准备工作

(1) 万用表、活扳手、绝缘钢丝钳、尖嘴钳、旋具等。

(2) 热电偶、电磁阀、离子检火针、耐高温检火引线等。

3. 考核时间

标准时间为15 min，每超过1.5 min从本题总分中扣除2分，操作过程超过7.5 min本题为零分。

4. 评分项目及标准

评分项目	评分要点	配分	评分标准及扣分
燃气灶熄火保护装置的失效原因	（1）热电偶式熄火保护装置的失效原因 1）热电偶金属焊点（热点）针状腐蚀断开 2）电磁阀回路线圈焊点腐蚀断开 3）电磁阀电磁铁表面或衔铁表面锈蚀或有污物 4）热电偶与电磁阀连接处松动或连接不牢固 5）热电偶安装位置不正确，其端部未被火焰包围 6）按压旋钮力不够或时间不够 7）热电偶端部积炭 （2）离子感应式熄火保护装置的失效原因 1）检火线脱落或检火线与检火针连接处有油污 2）检火针位置不正确 3）检火针与燃烧器接触 4）检火回路地线松动或脱落 5）检火针烧断或严重腐蚀 6）控制盒故障	5	口述或笔答，对燃气灶热电偶式熄火保护装置的失效原因不熟悉的酌情扣分，扣完为止
分析判断故障是否存在	（1）打开表前阀和灶前阀，使阀的开度为最大，手按旋钮并旋转，进行点火操作 （2）火点着后，按住旋钮 15 s 以上松开，若火不灭，可能是操作方法不正确，若火熄灭，确认故障存在	5	不能正确分析判断故障原因或不能确认故障的酌情扣分，扣完为止
排除故障	（1）排除热电偶与电磁阀连接处松动或断开，热电偶安装位置不正确等因素，关闭气源，取下锅支架、火盖、炉头护圈等，卸下灶面板，用旋具从燃气阀上卸下热电偶和电磁阀组件 （2）用扳手将热电偶从热电偶和电磁阀组件上拆卸下来，将万用表的转换开关置于电阻挡的适当量程，用万用表的红、黑表笔分别触及热电偶的两极或电磁阀的内心和外壳，查看阻值若为 0 Ω（或稍大），该件未损坏；若阻值非常大，确认该件已损坏，需进行更换 （3）组装热电偶和电磁阀组件，按拆卸热电偶和电磁阀组件相反的步骤安装热电偶和电磁阀组件	10	操作不规范或不能确定故障件的酌情扣分，扣完为止

续表

评分项目	评分要点	配分	评分标准及扣分
试漏，确认故障排除	（1）热电偶和电磁阀组件安装好后，打开燃气阀门，手按旋钮不旋转，用刷肥皂水的方法对电磁阀安装部位及其他燃气通道连接部位试漏，观察有无气泡出现 （2）安装灶面板、护圈、火盖和锅支架，按住旋钮并旋转，开启燃气灶，点火后松手，火不灭，确认故障排除	5	未试漏的酌情扣分，扣完为止
安全文明施工	工完场清，环境整洁，无安全事故	5	有不文明操作的酌情扣分，扣完为止。发生重大安全事故计零分
合计		30	

【题目3】 自动控制装置的维修

1. 考核要求

（1）熟悉燃气灶自动控制装置检修的主要内容。

（2）能够对损坏的自动控制装置进行维修。

2. 准备工作

（1）过热继电器、温度传感器、控制器等控制元器件。

（2）活扳手、旋具等。

3. 考核时间

标准时间为 15 min，每超过 1.5 min 从本题总分中扣除 2 分，操作过程超过 7.5 min 本题为零分。

4. 评分项目及标准

评分项目	评分要点	配分	评分标准及扣分
自动控制装置检修主要内容	（1）检查过热保护元件或电磁阀是否损坏 （2）检查各连接点是否连接可靠 （3）检查过热开关是否变形，双金属片是否发生永久变形 （4）检查过热开关接合面是否不贴合或导热硅脂是否已经干涸 （5）检查回火针与火焰的相对位置是否发生变化 （6）检查检火地线是否脱落或松动 （7）检查控制盒是否有故障，电源是否接通，电池是否有电等	5	口述或笔答，对自动控制装置检修主要内容不熟悉的酌情扣分，扣完为止

续表

评分项目	评分要点	配分	评分标准及扣分
观察现场设备故障现象，分析故障原因	按复位键，观察有无点不着火或回火情况，根据观察到的情况判断是否是自动控制装置的保护功能起作用，还是确有故障存在	5	不观察，不分析判断的酌情扣分，扣完为止
确认故障存在，检修	（1）若燃气灶点不着火，按复位键（如有）重新点火。若仍点不着火，可用万用表检查控制电路是否断路，包括过热继电器、温度敏感元件及引线、地线等；也可用短路法进行检测：用一根导线将保护装置的两电极短路，然后重新启动燃气灶 用万用表检查控制电路，若电阻为∞，说明元件或线路断路；用短路法进行检测，若燃气灶能正常开启，说明保护装置已损坏，确认故障存在 （2）关闭气源、电源，用旋具拆下损坏的元器件进行检修或更换，安装时，要查看安装面是否平整；元器件紧固或插件的插接要牢靠 （3）更换控制盒	10	操作不规范，或检修方法不正确的酌情扣分，扣完为止
试火	试火前再检查一遍线路连接情况，燃气系统检漏，然后开启燃气灶，经试火，燃气灶能正常运行，故障排除	5	未试漏、试火的扣5分
安全文明施工	工完场清，环境整洁，无安全事故	5	有不文明操作的酌情扣分，扣完为止。发生重大安全事故计零分
合计		30	

【题目4】更换燃气灶喷嘴及燃烧器

1. 考核要求

（1）熟悉更换燃气灶喷嘴及燃烧器的基本要求。

（2）能够更换喷嘴及燃烧器。

2. 准备工作

（1）按设计定制的喷嘴、燃烧器（或产品原配的喷嘴、燃烧器）、密封胶、产品使用说明书。

（2）多种规格的呆扳手、绝缘钢丝钳、旋具等。

（3）肥皂水、毛刷、检漏仪等。

（4）标签。

3．考核时间

标准时间为 20 min，每超过 2 min 从本题总分中扣除 2 分，操作过程超过 10 min 本题为零分。

4．评分项目及标准

评分项目	评分要点	配分	评分标准及扣分
更换喷嘴及燃烧器基本要求	当燃气气质发生改变（如液化石油气改成天然气），或燃气组分发生较大改变时，现有的燃气具必须进行适当的调整或改造才能适应这种变化，灶具的改装通常是更换燃气喷嘴、燃烧器或火盖，以达到规定的燃烧工况。这项工作必须由制造商认可的经考核合格有资质的专业人员进行 应首先熟悉产品使用说明书关于产品改装和转换的要求和操作说明；了解待转换灶具燃烧系统的大致结构和额定热负荷等情况；小心拆卸燃气供气系统、喷嘴、燃烧器或火盖等并进行改装或更换；断裂的密封应重新封好。改装和转换完毕必须经过试火、试漏。燃烧工况及热负荷调整完毕加贴标签（燃气类型、燃气供气压力、热负荷等）	5	口述或笔答，不能准确说出更换喷嘴及燃烧器基本要求的酌情扣分，扣完为止
熟悉灶具改造及转换说明，拆卸燃气供气系统	（1）产品说明书中有灶具改装和转换说明的，应熟悉其操作规定，掌握操作方法。除此以外，还要了解待转换灶具燃烧系统的大致结构和额定热负荷，确认原灶具的使用气源、电源种类及灶前燃气供气压力等 （2）关闭燃气阀门，关闭电源，拧松灶具连接软管上的卡箍，拆下软管，然后将灶具上的燃气供应系统整体拆下。看连接软管是否已老化，旧的供气系统是否适应新气种流量的要求	5	口述或笔答，不能准确说出灶具转换操作规定及操作不规范的酌情扣分，扣完为止

续表

评分项目	评分要点	配分	评分标准及扣分
更换喷嘴及燃烧器	（1）将旧燃烧器取下，有些灶具燃烧器本体（包括引射器）不需要更换，只需取下燃烧器头部的火盖即可 （2）用合适的呆扳手从燃气灶燃气阀上拆下大火、小火喷嘴及引火喷嘴等，拆卸时，注意不要将螺纹弄坏 （3）更换喷嘴时尽量使用灶具厂家原配的喷嘴或根据厂家设计图定制的喷嘴，首先用合适的丝锥将固定喷嘴的螺纹孔过一遍，然后在螺纹上涂密封胶，用呆扳手将新喷嘴紧固在燃气阀上，紧固时用力要均匀 （4）更换新燃烧器时，要对燃烧器的外观进行检查，看引射器内腔是否光洁，火盖与灶头配合是否严密；对只需更换火盖的燃烧器主要看新火盖与原灶头配合是否严密	10	未按规范更换喷嘴和燃烧器的酌情扣分，扣完为止
试火、试漏	（1）按拆卸时的相反步骤将拆下的零部件重新安装固定好 （2）打开燃气阀门，打开电源开关，点燃燃气灶，观察火焰状况，当混合气燃尽，置换气源正常供给时，如燃烧不正常应调整风门，直至火焰正常燃烧 （3）在燃气灶具各连接点处刷肥皂水，如有气泡应重新连接安装，直到无泄漏为止	5	操作不规范，未试漏的酌情扣分，扣完为止
贴标签、校核热负荷	当火焰燃烧正常且不漏气时，校核调整热负荷（分别校核每个火眼：观察燃气表，低热值×燃气流量＝热负荷），加贴标签	5	未按规定贴标签，校核热负荷的酌情扣分，扣完为止
安全文明施工	工完场清，环境整洁，无安全事故	5	有不文明操作的酌情扣分，扣完为止。发生重大安全事故计零分
合计		35	

【题目5】更换控制盒

1. 考核要求

（1）熟悉和读懂灶具使用说明书中的电气连接示意图。
（2）能够更换控制盒。

2. 准备工作

（1）产品使用说明书、控制器及连接线。

（2）活扳手、尖嘴钳、旋具等。

3. 考核时间

标准时间为 10 min，每超过 1 min 从本题总分中扣除 2 分，操作过程超过 5 min 本题为零分。

4. 评分项目及标准

评分项目	评分要点	配分	评分标准及扣分
熟悉电气连接示意图	通过接线图的识读可以了解各电气元件的连接关系、各连接线的颜色及相对应的接线端子，避免在安装时接线失误	5	口述或笔答，不能正确说出示意图中各电气元件的连接关系、各连接线的颜色及相对应的接线端子的酌情扣分，扣完为止
拆卸控制盒	在气源转换或控制盒损坏时应更换控制盒： （1）对照电气连接示意图，查看控制系统的连接情况和线路走向，看示意图的连接是否与实际连接一致 （2）从控制盒上拔下感应元器件、打火针、检火针等连接插件（当打火针、检火针等不好区分时应在相应连线上做标记） （3）用十字旋具将控制盒从控制盒固定板上拆下来，放入包装箱内	5	未按要求操作的扣 5 分
更换控制盒	（1）选择与原控制盒类型相同（但气质不同）的控制盒进行安装，该控制器应能适应现场气质 （2）按电气连接示意图结合拆卸时所做的标记连接各引线，将地线连接牢固	5	未按要求更换控制盒或未接地线的酌情扣分，扣完为止
试漏、试火	（1）检查气路、电路连接情况 （2）气路、电路连接牢靠 （3）打开气源、电源，进行气路试漏，合格后，点燃燃气灶试火	5	未按试漏或试火要求操作的扣 5 分
安全文明施工	工完场清，环境整洁，无安全事故	5	有不文明操作的酌情扣分，扣完为止。发生重大安全事故计零分
合计		25	

【题目6】 多功能灶具维修后的功能检查

1. 考核要求
(1) 熟悉多功能燃气灶维修后功能检查的内容。
(2) 掌握多功能燃气灶自动控制、安全保护装置的功能核查方法。

2. 准备工作
(1) 使用交流电源的将电压调至 220 V,使用干电池的安装好电池,电阻、微型调压变压器。
(2) 活扳手、旋具、秒表、产品使用说明书。

3. 考核时间
标准时间为 5 min,每超过 0.5 min 从本题总分中扣除 2 分,操作过程超过 2.5 min 本题为零分。

4. 评分项目及标准

评分项目	评分要点	配分	评分标准及扣分
多功能燃气灶维修后功能检查内容	(1) 点燃主燃烧器,数分钟后,人为强行将火熄灭,记下从熄火到熄火保护装置关闭的时间,熄火保护装置应在 1 min 内关闭 (2) 在微型调压变压器上连接电源线,接通电源,将电压调至 187 V,开启燃气灶,若打火或电磁阀吸合正常,应判定灶具低压启动功能良好	5	口述或笔答,不能说出多功能燃气灶维修后功能检查内容的酌情扣分,扣完为止
熄火保护装置功能核查	(1) 热电式熄火保护装置功能核查 1) 测开阀时间。打开灶前燃气阀门,用手按住旋钮并逆时针旋转点火,点着火后,立即用秒表记时,15 s 后松手,火未灭为正常,反之为不正常 2) 测闭阀时间。火焰正常燃烧过程中,用水将火浇灭(模拟做饭时的溢锅),火灭后,开始计时,60 s 内能听到电磁阀关阀的声音(或燃气表已不走字)为合格,否则为不合格 (2) 离子感应式熄火保护装置功能核查 1) 打开灶前燃气阀,将电源插头插好插牢,用手按住旋钮并逆时针旋转点火,开启燃气灶	10	未按要求进行熄火保护功能核查的酌情扣分,扣完为止

续表

评分项目	评分要点	配分	评分标准及扣分
熄火保护装置功能核查	2）在正常燃烧时，分别拔掉检火线、回火探针引线和地线等（每次只拔一种），使检火回路成为断路 3）观察到火灭或燃气表停止走字为合格，若火不灭或燃气表仍走字为不合格 （3）离子检火灵敏度核查 1）将一只 8 MΩ 和一只 IN4007 二极管串接在一起（焊在一起），二极管正极与检火针相连（IN4007 二极管有白圈的一端为负极，另一端为正极） 2）接通电源，此时燃气阀不要打开，开启燃气灶，当听到"嗒嗒"点火声和电磁阀吸合声时立即将另一端与燃烧器本体接触 3）若点火声立即停止，且电磁阀维持吸合状态，确认检火有效，反之则判为无检火		未按要求进行熄火保护功能核查的酌情扣分，扣完为止
低压启动功能核查	（1）在微型调压变压器上连接电源线，将电源插头插到交流电源插座上，接通电源 （2）用微型调压变压器，将电压调至187 V （3）开启燃气灶，若打火正常（目测），电磁阀开启正常（听到电磁阀吸合声），确认低压启动功能正常，反之为不正常	5	低压启动功能核查操作错误的扣5分
安全文明施工	工完场清，环境整洁，无安全事故	5	有不文明操作的酌情扣分，扣完为止。发生重大安全事故计零分
合计		25	

第 3 章　燃气热水器的检修

考 核 要 点

操作技能考核范围	考核要点	重要程度
回火、离焰（脱火）、黄焰等故障的诊断和排除	1. 喷嘴堵塞、火孔面积过大等因素造成的回火故障的诊断和排除	★★★
	2. 对火孔面积小，风机抽力过大等因素造成的脱火、离焰故障进行诊断和排除	★★★
	3. 喷嘴直径过大，喷嘴与引射器喉部距离不合适（偏小）等因素造成的黄焰故障进行诊断和排除	★★★
开启水阀后主火不着故障的诊断和排除	1. 对风压开关损坏，采压导管脱落或堵塞造成的主火不着故障进行诊断和排除	★★★
	2. 对微动开关损坏或动作后未使微动开关闭合造成的主火不着故障进行诊断和排除	★★★
	3. 对水气联动装置（水膜阀、水流传感器、水流开关）失灵造成的主火不着故障进行诊断和排除	★★★
	4. 对控制系统损坏引起的主火不着故障进行诊断和排除	★★★
火小水不热故障的诊断和排除	1. 对断水球阀关闭不严造成的出水不热故障进行诊断和排除	★★★
	2. 对皮膜产生微小裂纹造成的热水不热故障进行诊断和排除	★★★
	3. 对混水阀使用不当造成的热水不热故障进行诊断和排除	★★★
关闭水阀后主火不灭故障的诊断和排除	1. 水膜阀左、右腔通道堵塞造成的关闭水阀后主火不灭故障的诊断和排除	★★★
	2. 对水控开关水磁浮子（卡在顶部）造成的关闭水阀后主火不灭故障的诊断和排除	★★★
	3. 对水控开关水磁浮子卡孔导致关闭水阀主火不灭故障的诊断和排除	★★★

注：重要程度中，"★"为级别最低，"★★★"为级别最高。

辅导练习题

【题目1】 喷嘴堵塞、火孔面积过大等因素造成的回火故障的诊断和排除

1. 考核要求

（1）熟悉喷嘴堵塞及燃烧器火孔面积过大对回火倾向性的影响。

（2）掌握因喷嘴堵塞及燃烧器火孔面积过大造成的回火故障诊断排除方法和燃烧器的更换操作方法。

2. 准备工作

（1）对于由于喷嘴堵塞造成的回火，应准备通孔针或钻头（应小于喷嘴直径）、活扳手、旋具、生料带等。

（2）对于由于火孔面积过大造成的回火，应准备原厂燃烧器组件、密封垫、活扳手、旋具、生料带等。

3. 考核时间

标准时间为 15 min，每超过 1.5 min 从本题总分中扣除 2 分，操作过程超过 7.5 min 本题为零分。

4. 评分项目及标准

评分项目	评分要点	配分	评分标准及扣分
喷嘴堵塞及燃烧器火孔面积过大对回火倾向性的影响	火焰稳定性要求：不发生回火、熄火及妨碍使用的离焰现象 喷嘴堵塞会使口径变小，使燃气量减少，燃烧器火孔面积过大，使燃气—空气混合气从火孔处喷出速度减缓，都极易发生回火现象	5	口述或笔答，不能准确说出喷嘴堵塞及燃烧器火孔面积过大对回火倾向性的影响的酌情扣分，扣完为止
故障原因排查和确定	（1）打开水源、气源、电源，点燃热水器，检查燃气运行压力 （2）让热水器运行一段时间，在热态情况下，若发生回火，反复关闭开启热水器数次，确认故障存在 （3）在燃气压力正常的情况下，检查燃烧器喷嘴、火孔尺寸，看喷嘴、火孔是否堵塞	5	不能确定故障原因的酌情扣分，扣完为止

续表

评分项目	评分要点	配分	评分标准及扣分
疏通喷嘴，更换燃烧器	（1）疏通喷嘴。用活扳手取下喷嘴或喷嘴组件，用通孔针或钻头疏通每个喷嘴，安装后试火燃烧，在热态下观察是否回火 （2）更换燃烧器。疏通喷嘴或更换喷嘴后，如仍有回火现象发生，则更换原厂燃烧器组件	5	排除故障或更换燃烧器操作不规范的酌情扣分，扣完为止
检漏、试火	在热水器上安装固定燃烧器、喷嘴和其他组件，连接燃气管道检漏。点燃热水器，在热态下，观察热水器是否回火，燃气系统试漏	5	未按要求检漏、试火的扣5分
安全文明施工	工完场清，环境整洁，无安全事故	5	有不文明操作的酌情扣分，扣完为止。发生重大安全事故计零分
合计		25	

【题目2】对火孔面积小，风机抽力过大等因素造成的脱火、离焰故障进行诊断和排除

1. 考核要求

（1）熟悉火孔面积小，风机抽力过大等因素对离焰、脱火倾向性的影响。

（2）掌握因火孔面积小，风机抽力过大等因素造成的脱火、离焰故障的诊断和排除方法。

2. 准备工作

（1）对于因风机抽力过大造成的脱火、离焰故障应准备活扳手、旋具、限流环、挡风板、燃烧器等。

（2）对于因火孔面积小造成的脱火、离焰故障应准备活扳手、旋具、燃烧器等。

3. 考核时间

标准时间为10 min，每超过1 min从本题总分中扣除2分，操作过程超过5 min本题为零分。

4. 评分项目及标准

评分项目	评分要点	配分	评分标准及扣分
火孔面积小，风机抽力过大等因素对离焰、脱火倾向性的影响	（1）热水器在使用一段时间以后，燃烧器火孔会被部分堵塞，造成火孔面积减小，或者由于热水器设计加工问题造成火孔面积小，增加混合气喷出的速度，引起热水器离焰和脱火 （2）风机抽力过大，造成二次空气流速过快，引起热水器离焰和脱火	5	口述或笔答，不能说出火孔面积小，风机抽力过大等因素对离焰、脱火倾向性的影响的酌情扣分，扣完为止
故障原因排查和确定	（1）了解热水器发生离焰、脱火的时间段，热水器使用年限，发生离焰、脱火的频率 （2）检查燃气运行压力，确认故障。打开水源、气源、电源，测试燃气运行压力，观察火焰状况，若有1/3以上火孔离焰，确认故障存在	5	不能确定故障原因的酌情扣分，扣完为止
故障排除	（1）在停机状态下，拆卸烟管弯头，在排烟口装限流环或在燃烧状态下，用铁板遮挡燃烧器下方或燃烧室与燃烧器之间的间隙等处，若故障消失，关闭水源、气源、电源，制作正式的挡板并安装 （2）用旋具拆除热水器面板，用活扳手取下燃烧器，用刷子刷燃烧器出口处的灰尘、积炭等杂物，安装燃烧器 （3）用活扳手拆下燃烧器，更换原厂火孔面积较大的燃烧器组件	5	排除故障或更换燃烧器操作不规范的酌情扣分，扣完为止
检漏、试火	在热水器上安装固定燃烧器、喷嘴和其他组件，连接燃气管道检漏。点燃热水器，在冷态下，观察热水器是否离焰、脱火，燃气系统试火	5	未按要求检漏、试火的扣5分
安全文明施工	工完场清，环境整洁，无安全事故	5	有不文明操作的酌情扣分，扣完为止。发生重大安全事故计零分
合计		25	

【题目3】喷嘴直径过大，喷嘴与引射器喉部距离不合适（偏小）等因素造成的黄焰故障进行诊断和排除

1. 考核要求

（1）熟悉喷嘴直径过大，喷嘴与引射器喉部距离不合适（偏小）等因素造成的黄焰故

障的原因。

(2) 掌握因喷嘴直径过大，喷嘴与引射器喉部距离不合适（偏小）等因素造成的黄焰故障的诊断和排除方法。

2. 准备工作

(1) 刷子、喷嘴、密封胶、生料带等。

(2) 活扳手、小呆扳手、旋具等。

3. 考核时间

标准时间为 10 min，每超过 1 min 从本题总分中扣除 2 分，操作过程超过 5 min 本题为零分。

4. 评分项目及标准

评分项目	评分要点	配分	评分标准及扣分
喷嘴直径过大，喷嘴与引射器喉部距离不合适（偏小）等因素造成黄焰的主要原因	从大气式燃烧器的原理可以看出喷嘴越大，输送的燃气就越多，完全燃烧需要的空气量就越大，否则会造成不完全燃烧。喷嘴截面与引射器喉部的距离越近，一次空气的摄入量就越少，也容易造成不完全燃烧。另外由于热水器常年使用，燃烧器火孔、热交换器被积炭堵塞，二次空气量减少，也会造成黄焰故障	5	口述或笔答，不能回答出产生黄焰的主要原因的酌情扣分，扣完为止
故障原因排查和确定	(1) 了解热水器发生黄焰故障的时间段，热水器使用年限，发生黄焰故障的频率 (2) 检查燃气运行压力，确认故障。打开水源、气源、电源，测试燃气运行压力，观察火焰状况，确认故障存在	5	不能确定故障原因的酌情扣分，扣完为止
故障排除	(1) 在停机状态下，用旋具打开热水器面板，用活扳手拆下燃烧器，用刷子清理燃烧器，安装燃烧器 (2) 在停机状态下，用旋具打开热水器面板，用活扳手拆下热交换器，用刷子清理热交换器，确认热交换器没有堵塞 (3) 在停机状态下，用旋具打开热水器面板，用活扳手拆下燃烧器，拆下配气管，用小呆扳手拧下喷嘴，更换孔径较小的喷嘴或更换短喷嘴，安装配气管和燃烧器总成	5	排除故障或更换燃烧器等操作不规范的酌情扣分，扣完为止

续表

评分项目	评分要点	配分	评分标准及扣分
检漏、试火	在热水器上安装固定燃烧器、喷嘴和其他组件,连接燃气管道检漏。点燃热水器,黄焰消失,燃气系统试火,故障排除	5	未按要求检漏、试火的扣5分
安全文明施工	工完场清,环境整洁,无安全事故	5	有不文明操作的酌情扣分,扣完为止。发生重大安全事故计零分
合计		25	

【题目4】对风压开关损坏,采压导管脱落或堵塞造成的主火不着故障进行诊断和排除

1. 考核要求

(1) 熟悉风压故障造成的主火不着的主要原因和现象。

(2) 能够对风压开关损坏,采压导管脱落或堵塞造成的主火不着故障进行诊断和排除。

2. 准备工作

(1) 风压开关、采压管、防扩弹簧等。

(2) 活扳手、旋具等。

3. 考核时间

标准时间为10 min,每超过1 min从本题总分中扣除2分,操作过程超过5 min本题为零分。

4. 评分项目及标准

评分项目	评分要点	配分	评分标准及扣分
风压故障造成的主火不着的主要原因和现象	(1) 风压开关损坏或者采压管破损脱落,都会造成热水器不启动,其表现为当通水时,热水器风机启动,但是无电脉冲点火,有部分类型的热水器根本不启动 (2) 如果采压导管弯折不通气、管内有冷凝水使导管堵塞也会造成热水器不启动,其表现也是当通水时,热水器风机启动,但是无电脉冲点火	5	口述或笔答,不能回答出风压故障造成的主火不着的主要原因和现象的酌情扣分,扣完为止

续表

评分项目	评分要点	配分	评分标准及扣分
了解情况,确认故障	了解风机是否能正常启动和运行,开启热水器后有无电脉冲点火	5	诊断方法不正确或无法诊断故障存在的扣5分
故障排除	(1) 检查采压导管是否破损或脱落,采压导管是否弯折不通气或管内有冷凝水等。 如发现采压导管破损可更换采压导管,如管内有冷凝水,可取下采压导管排出冷凝水后安装好采压导管,如采压导管弯折可加装防折弹簧 (2) 开启热水器,风机转动后,立即从风机采压管上拔下一根硅胶管,用嘴向管内或吹或吸气(负压吸,正压吹),未听到微动开关闭合声,确认风压开关损坏。或短接两根电源线,若有电脉冲点火,热水器能正常启动,确认风压开关损坏。用旋具拆下原来的风压开关,拔下采压管,安装新的风压开关,插好采压管	10	排除故障或更换采压导管、风压开关等操作不规范的酌情扣分,扣完为止
试漏、试火	水路、气路试漏,点燃热水器试火,确认热水器故障是否排除	5	未按要求试漏、试火的扣5分
安全文明施工	工完场清,环境整洁,无安全事故	5	有不文明操作的酌情扣分,扣完为止。发生重大安全事故计零分
合计		30	

【题目5】 对微动开关损坏或动作后未使微动开关闭合造成的主火不着故障进行诊断和排除

1. 考核要求

(1) 熟悉因微动开关损坏或动作后未使微动开关闭合造成的主火不着故障的原因。

(2) 能够对微动开关损坏或动作后未使微动开关闭合造成的主火不着故障进行诊断和排除。

2. 准备工作

(1) 微动开关等。

(2) 旋具等。

3. 考核时间

标准时间为 10 min，每超过 1 min 从本题总分中扣除 2 分，操作过程超过 5 min 本题为零分。

4. 评分项目及标准

评分项目	评分要点	配分	评分标准及扣分
微动开关故障造成的主火不着故障的原因	由于微动开关与水气联动装置一起，组成了热水器的自动点火系统。打开热水出口阀门，由于文丘里效应，水膜阀右腔压力大于左腔压力与回位弹簧力之和，推动皮膜、顶盘、顶杆向左移动，与此同时，微动开关座上的拨片在三通顶轴弹簧座的带动下，使微动开关闭合，接通电源，从而实现热水器的启动。当微动开关发生故障或者动作后未使微动开关闭合，都会引起热水器点火不着	5	口述或笔答，不能回答出微动开关故障造成的主火不着故障的原因的酌情扣分，扣完为止
诊断和排除微动开关故障造成的主火不着故障	（1）打开水源、气源、电源，开启热水 （2）观察热水器点不着火的情况，微动开关拨片是否已抬起一定角度，风机是否转动，有无电脉冲点火等 （3）关闭水和燃气，用小一字旋具撬起开关座上的杠杆，若无电脉冲点火，确认微动开关损坏；也可短接控制器侧电源线，若风机启动，有电脉冲点火，确认微动开关损坏 （4）关闭电源，若微动开关座安装不合适，调整微动开关座拨片（杠杆）的位置；若微动开关损坏，拔下微动开关侧插件，用扳手或旋具拆卸并更换微动开关 （5）若水流对比区别较大，接通气源、电源，打开热水出口截门 （6）热水器不能启动，确认滤网已堵塞 （7）关闭水源、气源、电源，卸开过滤网连接处，将被杂物堵塞或严重变形的滤网取下，清洗或更换 （8）安装过滤网，连接好冷水接管，打开自来水截门，关闭热水出口阀门，试漏 （9）打开气源、电源，开启热水截门，试火，燃气试漏，观察火焰燃烧状况	10	诊断和排除滤网堵塞造成的主火不着故障方法不正确的扣 5 分，未检漏的扣 5 分，不能排除故障的扣 10 分

续表

评分项目	评分要点	配分	评分标准及扣分
试漏、试火	(1) 对水路、气路进行试漏 (2) 接通水源、气源、电源，打开热水出口截门，热水器能正常启动，故障排除	5	未按要求试漏、试火的扣5分
安全文明施工	工完场清，环境整洁，无安全事故	5	有不文明操作的酌情扣分，扣完为止。发生重大安全事故计零分
合计		25	

【题目6】对水气联动装置（水膜阀、水流传感器、水流开关）失灵造成的主火不着故障进行诊断和排除

1. 考核要求

（1）熟悉水气联动装置失灵的主要原因。

（2）能够对水气联动装置（水膜阀、水流传感器、水流开关）失灵造成的主火不着故障进行诊断和排除。

2. 准备工作

（1）三通顶盘、皮膜、文丘里管、干簧管、霍尔元件、水轮转子组件等。

（2）活扳手、旋具、绝缘钢丝钳、游标卡尺、万用表、脉冲信号发生器等。

3. 考核时间

标准时间为20 min，每超过2.0 min从本题总分中扣除2分，操作过程超过10 min本题为零分。

4. 评分项目及标准

评分项目	评分要点	配分	评分标准及扣分
水气联动装置失灵的主要原因	水气联动装置中的皮膜破损、顶盘变形损坏、水轮阀、霍尔传感器损坏，干簧管损坏，水磁浮子卡滞等都会引起主火不着故障	5	口述或笔答，不能说出水气联动装置失灵的主要原因的酌情扣分，扣完为止
诊断和排除水气联动装置故障（选一种）	(1) 压差式水气联动装置的诊断和排除 1) 在水、气压力都正常，进水滤网未堵塞的情况下，打开水源、气源、电源，将调温旋钮设在低温位置，开启热水器，若主火不着，确认水气联动装置存在故障	10	分析判断和排除故障方法不正确的酌情扣分，扣完为止

续表

评分项目	评分要点	配分	评分标准及扣分
诊断和排除水气联动装置故障（选一种）	2）检查微动开关：开启热水器，观察三通阀下微动开关座上的杠杆是否动作，若无动作，关闭水源、气源、电源 3）用呆扳手和旋具拆卸水膜阀组件，用大一字旋具拧一下文丘里管，若松动，将文丘里管拧到位；若文丘里管不松动，拆下文丘里管测量内孔，孔过大时，更换文丘里管 4）若文丘里管不存在问题，拆下水膜阀组件取出皮膜，查看顶盘是否损坏，皮膜是否破裂，联动杆是否因水垢无法正常工作；更换损坏的顶盘或反膜，给联动杆上润滑油，装水膜阀组件 5）打开水源、气源、电源，试漏水，开启热水器，观察火焰燃烧状况，试漏气，确认故障排除 （2）水流传感器故障的诊断和排除 1）分析判断，确定存在故障。打开水源、气源、电源，观察主火不着，确认故障存在 拔下霍尔传感器与控制器的连接插件，通过插件将脉冲信号发生器与控制器相连，旋转脉冲信号发生器旋钮，选择合适的脉冲数，热水器若能被点燃，确认水流量传感器（水流开关）失效 2）关闭电源，拆下霍尔传感器进行更换，将霍尔传感器与控制器相连 3）更换后，若主火仍不能点着，关水源、气源、电源，拔下霍尔元件，拆卸水轮阀，更换涡轮转子组件（或更换水轮阀）		分析判断和排除故障方法不正确的酌情扣分，扣完为止
试漏、试火	试漏气，试漏水、试火，试前言制，观察火焰燃烧状况，确认故障排除	5	未按要求试漏、试火的扣5分
安全文明施工	工完场清，环境整洁，无安全事故	5	有不文明操作的酌情扣分，扣完为止。发生重大安全事故计零分
合计		25	

【题目7】 对控制系统损坏引起的主火不着故障进行诊断和排除

1. 考核要求

（1）熟悉燃气具电气接线图或控制流程图的识读方法。

（2）能够诊断和排除因控制系统损坏引起的主火不着故障。

2. 准备工作

（1）控制器、控制电路板、主电路板、连接引线等。

（2）万用表、脉冲信号发生器、二极管与电阻组成的火焰等效电阻、活扳手、旋具等。

3. 考核时间

标准时间为 15 min，每超过 1.5 min 从本题总分中扣除 2 分，操作过程超过 7.5 min 本题为零分。

4. 评分项目及标准

评分项目	评分要点	配分	评分标准及扣分
识读电气接线图或控制流程图	（1）控制流程图。热水器的控制工作流程图应包括从手动投入运行，到热水器运转结束的整个工作流程、各部件的动作次序序号，动作判定基准值和故障点的代码 热水器控制流程框图中带圈的阿拉伯数字代表重要的动作序号；图框内的中文注释代表工作内容；显示框内的文字是显示内容的代码 （2）电气接线图 1）序号①②等是热水器工作流程框图中的重要动作序号 2）A、B、C等是燃具电气接线图中的端子符号，这些端子在设计时，最好不要使其连在一起，分开这些端子的目的是防止安装时的接线失误 3）线色代表相应端子或线路板上的导线颜色 4）判定格内为检查点的基准值，有的分为两小格，上格为电压值，下格为电流值或电阻值	5	口述或笔答，不能正确识读电气接线图或控制流程图的酌情扣分，扣完为止

续表

评分项目	评分要点	配分	评分标准及扣分
诊断和排除因控制系统损坏造成的主火不着故障	（1）故障确认和排查 1）打开水源、气源、电源，开启热水器，确认存在主火不着故障 2）检查微动开关、水流量传感器、水流开关等 3）在上述检查中未发现问题，将脉冲信号发生器与控制器相连或用两根短路线代替干簧管与控制器相连，启动热水器，若主火仍不着 确认控制器损坏 （2）更换控制器 1）检查连接控制器的各连接引线是否有插件松动或有断线现象 2）关闭水源、气源、电源，用旋具更换控制器或更换主电路板和控制电路板等	10	不能诊断和排除因控制系统损坏造成的主火不着故障的酌情扣分，扣完为止
试漏、试火	打开水源、气源、电源，水路系统试漏，按正确操作方法开启热水器，点燃后，观察火焰燃烧状况，进行燃气试漏、试火和前后制检查	5	未按要求试漏、试火的扣5分
安全文明施工	工完场清，环境整洁，无安全事故	5	有不文明操作的酌情扣分，扣完为止。发生重大安全事故计零分
合计		25	

【题目8】对断水球阀关闭不严造成的出水不热故障进行诊断和排除

1. 考核要求

（1）熟悉球阀的主要结构及其在借管安装中的作用。

（2）能够诊断和排除因断水球阀关闭不严造成的出水不热故障。

2. 准备工作

（1）球阀、生料带、密封垫等。

（2）管钳、活扳手等。

3. 考核时间

标准时间为15 min，每超过1.5 min从本题总分中扣除2分，操作过程超过7.5 min本题为零分。

4. 评分项目及标准

评分项目	评分要点	配分	评分标准及扣分
球阀的主要结构及其在借管安装中的作用	球阀是用带有圆形通道的球体作为启闭件,球体随阀杆转动实现启闭动作的阀门。在各种阀门中,球阀具有密封性好、开关迅速、流体阻力小等优点。但是随着使用年限的增加,有些球阀的阀杆与球体会脱节,当阀杆旋转90°时,球体不能旋转90°,导致球阀关闭不严。 在厨房至卫生间的自来水管路中安装一个球阀,称为断水球阀。断水球阀的作用就是当卫生间需用洗浴热水时,用断水球阀关闭自来水通道,让自来水通过热水器,经加热后,从断水球阀后边的冷水管道流至卫生间	5	口述或笔答,不能说出球阀的主要结构及其在借管安装中的作用的酌情扣分,扣完为止
诊断和排除因断水球阀关闭不严造成的出水不热故障	(1) 分析判断,确认故障 1) 打开水源、气源、电源,设置成借管运行方式,开启热水器,用手感觉热水出口水温及水流情况,水温较低,确认故障存在 2) 将水温调节阀调至高温位置,感觉水温和水流情况,若水温水流变化不大,确认断水球阀关闭不严(在诊断前,可看一下断水球阀是否关闭到位,若关闭不到位,断水球阀没问题) (2) 更换断水球阀。关闭水源、气源、电源,用管钳等工具拆卸断水球阀,然后将新球阀安装在原管路中	10	诊断和排除故障方法不正确的酌情扣分,扣完为止。不能排除故障的扣10分
试漏、试火	试漏水、漏气,设置成借管运行方式,打开水源、气源、电源,开启热水器,用手感觉热水出口水温及水流情况,确认故障排除	5	未按要求试漏、试火的扣5分
安全文明施工	工完场清,环境整洁,无安全事故	5	有不文明操作的酌情扣分,扣完为止。发生重大安全事故计零分
合计		25	

【题目 9】 对皮膜产生微小裂纹造成的热水不热故障进行诊断和排除

1. 考核要求

（1）熟悉皮膜产生微小裂纹造成热水器热水不热的原因。
（2）能够诊断和排除对因皮膜产生微小裂纹造成的热水不热故障。

2. 准备工作

（1）皮膜、螺钉等。
（2）活扳手、旋具等。

3. 考核时间

标准时间为 15 min，每超过 1.5 min 从本题总分中扣除 2 分，操作过程超过 7.5 min 本题为零分。

4. 评分项目及标准

评分项目	评分要点	配分	评分标准及扣分
皮膜产生微小裂纹造成热水器热水不热的原因	当皮膜产生微小裂纹以后，使得左腔与右腔的压力差减小，水膜阀三通顶轴克服弹簧的作用力向左移动距离减小，使气阀的开度减小，减少了通往主燃烧器的燃气流量，同时皮膜顶盘阻止了水压调节阀顶轴的向左移动，消弱了稳压作用。当水压增大时，水压调节阀顶轴应向左移动，使水流入口开度变小，燃气入口开度增大，但此时由于左腔与右腔的压力差减小，顶轴向左移动距离减小，使得燃气入口开度变小，而水流入口开度不能变小，致使燃气流量减少，水流量不能减少，造成热水器热水不热	5	口述或笔答，不能准确说出皮膜产生微小裂纹造成热水器热水不热的原因的酌情扣分，扣完为止
诊断和排除因皮膜产生微小裂纹造成的热水不热故障	（1）打开水源、气源、电源，开启热水器，用手感觉热水出口水温及水流情况并观察火焰高度，若水温较低，水流较大，火焰高度比正常稍低，确认热水不热故障存在 （2）将水温调节阀置于高温位，观察水流量有无变化，在排除水压过高，断水球阀关闭不严等因素外，若水温较低，水流较大，火焰高度比正常低，初步确认水膜阀皮膜有微小裂纹 （3）用旋具、呆扳手拆卸水膜阀组件，拆开水膜阀，取出皮膜，对着亮光检查皮膜是否有裂纹和小孔（也可不取下水膜阀组件，在机器上直接取出皮膜） （4）更换有裂纹的皮膜，重新安装水膜阀组件	10	诊断和排除故障方法不正确的酌情扣分，扣完为止

续表

评分项目	评分要点	配分	评分标准及扣分
试漏、试火	（1）打开冷水阀门，关闭热水出口阀门检测是否漏水 （2）打开气源、电源，开启热水器，试火、试漏 （3）用手感觉热水出口水温及水流情况，确认故障排除	5	未按要求试漏、试火的扣5分
安全文明施工	工完场清，环境整洁，无安全事故	5	有不文明操作的酌情扣分，扣完为止。发生重大安全事故计零分
合计		25	

【题目10】 对混水阀使用不当造成的热水不热故障进行诊断和排除

1．考核要求

（1）熟悉混水阀的使用方法。

（2）掌握因混水阀使用不当造成的热水不热故障的诊断和排除方法。

2．准备工作

混水阀使用说明书。

3．考核时间

标准时间为 5 min，每超过 0.5 min 从本题总分中扣除 2 分，操作过程超过 2.5 min 本题为零分。

4．评分项目及标准

评分项目	评分要点	配分	评分标准及扣分
混水阀的使用方法	混水阀是将冷水和热水按不同比例混合后排出的阀门，由于冷水和热水的混合比例不同，排出的水温也会发生变化。混水阀的使用：当手柄向左转动，冷水量增加而热水量减少，水温降低，随着手柄向左转动，冷水量减少，热水量增加，水温升高。当混水阀应用于燃气热水器时，热水量不能过少，如果热水量过少，一是造成出水温度较低，二是会使热水器点不着火，三是对于没有恒温比例调解功能的热水器，热水量越少水温越高，当热水温度达到70℃以上时，水垢的凝结速度会迅速增加，热水器长时间在高温下运行，会堵塞热水器盘管。因此，科学合理地使用混水阀是很重要的	5	口述或笔答，不能准确说出混水阀的使用方法的酌情扣分，扣完为止

续表

评分项目	评分要点	配分	评分标准及扣分
正确使用混水阀	（1）打开水源、气源、电源 （2）将混水阀手柄向左转动，向上抬起，大火被点着 （3）火点着后，用手感觉混水阀出水口水温及水流情况，若水温低，通过转动手柄进行调节 （4）将水温调节到合适温度（规定的温度）	5	点不着火或不能正确使用混水阀的扣5分
合计		20	

【题目11】 水膜阀左、右腔通道堵塞造成的关闭水阀后主火不灭故障的诊断和排除

1. 考核要求

（1）熟悉水膜阀左、右腔通道的作用。

（2）能够对水膜阀左、右腔通道堵塞造成的关闭水阀后主火不灭故障进行诊断和排除。

2. 准备工作

（1）文丘里管、过水管（缓燃器）、三通阀体等。

（2）活扳手、旋具、捅针等。

3. 考核时间

标准时间为 15 min，每超过 1.5 min 从本题总分中扣除 2 分，操作过程超过 7.5 min 本题为零分。

4. 评分项目及标准

评分项目	评分要点	配分	评分标准及扣分
水膜阀左、右腔通道的作用	水膜阀左、右腔通道由右腔、调温阀、文丘里管侧孔、缓燃器（或过水管）及左腔组成。热水器未启动前，左、右腔水压相等，当水流动时，文丘里侧孔处压力最低，左腔的水流向文丘里管侧孔处，并与自来水一起从文丘里管主孔流出，靠压力差的作用，顶轴向左移动，打开气阀。由于文丘里管的侧孔和左、右腔通道都比较狭窄，热水器使用时间比较长时，会被部分杂质和水垢堵塞。当热水器开始运行后，左右腔体在压差的作用下打开燃气阀门开始燃烧，但如果这时水膜阀左、右腔体的通道被堵，则关闭水阀时，右腔的水（自来水）不能及时向压力低的左腔补充，使左、右腔水压不能平衡，导致燃气阀无法关闭，水气联动装置失灵	5	口述或笔答不能说出水膜阀左、右腔通道的作用的酌情扣分，最多扣5分

续表

评分项目	评分要点	配分	评分标准及扣分
诊断和排除水膜阀左、右腔通道堵塞造成的关闭水阀后主火不灭故障	（1）打开水源、气源、电源，开启热水器，火着后，关闭热水出口节门，观察火焰是否立即熄灭，若火未立即熄灭（或停留较长时间），立即关闭气源，确定大火不灭故障存在 （2）关闭水源、电源，用旋具、呆扳手拆卸水气联动装置，拆卸文丘里管并检查文丘里管两侧孔是否堵塞。若堵塞则疏通侧孔 （3）若文丘里管侧孔未堵塞，将文丘里管拧回原位，查看过水管及水膜阀侧、三通阀侧过水通道是否被堵 （4）若被堵塞，进行疏通或更换阀体，将拆下的零部件（或更换件）重新安装	10	诊断和排除故障方法不正确的酌情扣分，扣完为止。拆卸忘关表前阀或未进行燃气试漏的扣5分
试漏、试火	打开水源、气源、电源，试漏水，开启热水器，试漏气，关闭热水出口水节门，观察火焰是否立即熄灭，若能立即熄灭，确认故障排除	5	未按要求试漏、试火的扣5分
安全文明施工	工完场清，环境整洁，无安全事故	5	有不文明操作的酌情扣分，扣完为止。发生重大安全事故计零分
合计		25	

【题目12】对水控开关水磁浮子卡死（卡在顶部）造成的关闭水阀后主火不灭故障的诊断和排除

1. 考核要求

（1）熟悉水磁浮子被卡死的主要原因。

（2）能够对水控开关水磁浮子卡死（卡在顶部）造成的关闭水阀后主火不灭故障进行诊断和排除。

2. 准备工作

（1）水磁浮子、干簧管、磁性翻板开关等。

（2）活扳手、呆扳手、旋具等。

3. 考核时间

标准时间为 15 min，每超过 1.5 min 从本题总分中扣除 2 分，操作过程超过 7.5 min 本题为零分。

4. 评分项目及标准

评分项目	评分要点	配分	评分标准及扣分
水磁浮子被卡死的主要原因	（1）被油污或其他黏性物质粘在顶部掉不下来 （2）因受力不均，水磁浮子歪斜，卡在顶部掉不下来 （3）翻板开关旋转轴锈蚀卡滞或被污物阻塞，关水后翻板不能复位	5	口述或笔答不能回答出水磁浮子被卡死的主要原因的酌情扣分，扣完为止
诊断和排除水控开关水磁浮子卡死（卡在顶部）造成的关闭水阀后主火不灭故障	（1）打开水源、气源、电源，开启热水器，火点着后，关闭热水出口节门，观察火焰是否立即熄灭，若火未立即熄灭（停留较长时间），立即关闭气源，确定主火不灭故障存在 （2）断开电源，多次开关水节门，通过听声进行判断，未听到"咔、咔"声，插上热水器电源插头，听到脉冲打火声和电磁阀吸合声，确认水磁浮子卡在顶部，断开电源 （3）用呆扳手从阀座上拆下水磁浮子阀体，查看水磁浮子被卡位置并取出，分析水磁浮子卡死原因，并采取相应措施：清除阀体内腔油污和杂物，修钝阀体内孔锐边等 （4）将水磁浮子放回水磁浮子阀体中，要求放正，在阀座的O形密封圈上涂少许黄油，将水磁浮子阀体安装在阀座上，用旋具紧固螺钉使其进入固定槽内，在阀体上部的密封面上放密封垫，用呆扳手将盘管锁母与阀体外螺纹相连	10	诊断和排除故障方法不正确的酌情扣分，扣完为止
试漏、试火	打开水源、气源、电源，试漏水，开启热水器，试漏气，关闭热水出口水节门，观察火焰是否立即熄灭，若能立即熄灭，确认故障排除	5	未按要求试漏、试火的扣5分
安全文明施工	工完场清，环境整洁，无安全事故	5	有不文明操作的酌情扣分，扣完为止。发生重大安全事故计零分
合计		25	

【题目13】 对水控开关水磁浮子卡死导致关闭水阀主火不灭故障的诊断和排除

1. 考核要求

（1）熟悉水磁浮子卡死的主要原因。

（2）能够对水控开关水磁浮子卡死导致关闭水阀造成的主火不灭故障进行诊断和排除。

2. 准备工作

（1）干簧管、干簧管组件等。

（2）活扳手、呆扳手、旋具等。

3. 考核时间

标准时间为 15 min，每超过 1.5 min 从本题总分中扣除 2 分，操作过程超过 7.5 min 本题为零分。

4. 评分项目及标准

评分项目	评分要点	配分	评分标准及扣分
水磁浮子卡死的主要原因	（1）被油污或其他黏性物质粘在顶部掉不下来 （2）因受力不均，水磁浮子歪斜，卡在顶部掉不下来 （3）翻板开关旋转轴锈蚀卡滞或被污物阻塞，关水后翻板不能复位	5	口述或笔答不能回答出水磁浮子卡死的主要原因的酌情扣分，扣完为止
诊断和排除水控开关水磁浮子卡死导致关闭水阀造成的主火不灭故障	（1）打开水源、气源、电源，开启热水器，火点着后，关闭热水出口节门，观察火焰是否立即熄灭，若火未立即熄灭（停留较长时间），立即关闭气源，确定主火不灭故障存在 （2）断开电源，多次开关水节门，听到"咔、咔"声（关闭水节门时，能听到水磁浮子的落下声），插上热水器电源插头，听到脉冲打火声和电磁阀吸合声，通过听声，确认干簧管短路故障存在，断开电源 （3）将与控制器相连的干簧管组件插头拔下，注意拔时要将插头的挂钩按下，用十字旋具拧下干簧管组件固定螺钉，取下干簧管组件 （4）将试验合格的干簧管组件或干簧管准备好，将干簧管组件安装孔对准阀体螺孔，用螺钉紧固，并与控制器相连，打开水源、气源、电源，此时，不能听到脉冲打火声和电磁阀吸合声	10	诊断和排除故障方法不正确的酌情扣分，扣完为止
试漏、试火	打开冷水阀门，试漏水，再打开热水出口阀门，先进行燃气管路试漏，开启热水器，主火被点着，再进行设备内部试漏气，关闭热水器，主火立即熄灭。经过多次试机，机器都能够开水着火，关水灭火，确认故障排除	5	未按要求试漏、试火的扣 5 分
安全文明施工	工完场清，环境整洁，无安全事故	5	有不文明操作的酌情扣分，扣完为止。发生重大安全事故计零分
合计		25	

第3部分 模 拟 试 卷

高级燃气具安装维修工理论知识考试模拟试卷

一、**单项选择题**（下列各题都有4个选项，其中只有1个是正确的，请将其代号填写在横线空白处，每题1分，共计56分）

1. 安装在橱柜中的燃气表，保证自然通风是为了燃气表防潮和_____。
   A. 燃烧充分　　　B. 便于查表　　　C. 便于安装　　　D. 安全用气
2. 施工前熟悉施工图样和有关技术资料，主要是为了了解_____。
   A. 燃气工程造价　　　　　　　　　B. 管道的材质
   C. 燃气管道的安装工艺　　　　　　D. 用气设备的质量
3. 管道系统中_____中心间的距离，不是构造长度。
   A. 管件与阀门　　B. 管件与管件　　C. 管件与设备　　D. 管件与墙壁
4. 下面说法中正确的是_____。
   A. 构造长度是指管道系统中两相邻零件或零件与设备中心间的距离
   B. 下料长度等于构造长度
   C. 安装长度等于构造长度
   D. 下料长度大于构造长度
5. 室内燃气管道安装图是管段下料的依据，该图反映管段的数量、形状和_____。
   A. 位置　　　　　B. 质量　　　　　C. 长度　　　　　D. 管壁厚
6. 安装图一般绘制成_____的形式。
   A. 平面图　　　　B. 轴测图　　　　C. 立面图　　　　D. 双线图
7. 管段中管子在轴线方向上的_____称为管段安装长度。
   A. 拧入长度　　　B. 有效长度　　　C. 下料长度　　　D. 构造长度
8. 室内燃气管道压力试验介质宜为_____。
   A. 空气　　　　　B. 燃气　　　　　C. 氧气　　　　　D. 水

9. 根据CJJ94—2009 8.1的规定，试验范围内的管道，除涂漆和_____外，已按施工图全部完成。
   A．焊接　　　　　　B．螺纹连接　　　　C．法兰连接　　　　D．保温层
10. 室内燃气管道严密性试验范围应为_____的管道。
   A．引入管阀门至燃具前阀门之间
   B．引入管阀门之前
   C．引入管阀门至燃气表前阀门之间
   D．燃气表后阀门至燃具前阀门之间
11. 低压燃气管道严密性试验的压力计量装置应采用_____。
   A．燃气表　　　　　　　　　　　　B．弹簧管式压力计
   C．U形压力计　　　　　　　　　　D．微压计
12. 燃气管道严密性试验介质采用空气或_____，严禁采用氧气。
   A．水　　　　　　　　　　　　　　B．惰性气体
   C．可燃气体　　　　　　　　　　　D．空气和可燃气体混合物
13. _____不是燃气系统压力试验记录表中的主要内容。
   A．设计参数　　　B．燃气质量　　　C．强度试验　　　D．严密性试验
14. _____不是燃气系统压力试验记录签字单位。
   A．管道供应商　　B．建设单位　　　C．监理单位　　　D．施工单位
15. 嵌入式灶不具备_____的特点。
   A．色彩丰富　　　B．款式多样　　　C．易于清洁　　　D．热效率高
16. 家用燃气灶按燃气类别分不包括_____。
   A．人工燃气灶具　　　　　　　　　B．天然气灶具
   C．液化石油气灶具　　　　　　　　D．沼气灶具
17. 熄火保护装置在_____时，不能关闭燃烧器的燃气通路。
   A．燃烧器未点燃　　　　　　　　　B．燃气压力高
   C．意外熄火　　　　　　　　　　　D．火焰检测器失效
18. 燃气灶具安全装置不包括_____装置。
   A．熄火保护　　　B．饭锅温控　　　C．防止黄焰　　　D．油温过热
19. 如果两种燃气具有相同的华白数，则在互换时就能保持相同的热负荷和_____。
   A．一次空气系数　　　　　　　　　B．二次空气系数
   C．过剩空气系数　　　　　　　　　D．火孔热强度
20. 目前，民用燃具常使用压电陶瓷点火装置和_____点火装置。

A. 炽热丝　　　　B. 电脉冲　　　　C. 手动　　　　D. 间接

21. _____不是压电陶瓷点火装置失效的原因。
    A. 胶管压扁、扭折或堵塞
    B. 气压太高造成气流速度太快，冲击电火花
    C. 电池电量不足
    D. 气源开关未开或气压不足

22. 常见熄火保护装置主要有双金属片式、热电式、_____等。
    A. 电压式　　　　B. 电流式　　　　C. 离子感应式　　　　D. 干簧管式

23. 电磁阀电磁铁表面或_____锈蚀或有污物，将导致燃气灶熄火保护装置失效。
    A. 衔铁表面　　　　　　　　B. 密封垫表面
    C. 连接部位表面　　　　　　D. 电磁阀体表面

24. 离子感应式熄火保护装置的失效原因不包括_____。
    A. 检火回路地线松动或脱落
    B. 检火针与燃烧器接触
    C. 检火线脱落或检火线与检火针连接处有油污
    D. 热电偶与电磁阀连接处松动或连接不牢固

25. 燃气灶自动控制装置检修时，一般用目测、仪器测和_____等方法进行检查、分析和判断。
    A. 敲击　　　　B. 闻嗅　　　　C. 试验　　　　D. 触摸

26. 使燃气燃烧器具与气源种类、_____相适应，是保证燃气燃烧器具正常使用，降低燃气安全事故的重要举措。
    A. 气质成分　　　　B. 燃气热值　　　　C. 燃气密度　　　　D. 燃气温度

27. 家用燃气灶维修后功能核查的三要内容有熄火保护功能核查、_____功能核查等。
    A. 低压启动　　　　B. 燃气阀气密力　　　　C. 旋钮、按键　　　　D. 耐用性

28. 熄火保护功能核查主要包括热电式熄火保护功能核查、_____熄火保护功能核查等。
    A. 光电式　　　　B. 离子感应式　　　　C. 压力式　　　　D. 热敏电阻式

29. 容积式燃气热水器型号中包括_____。
    A. 安装方式　　　　B. 燃气压力　　　　C. 额定容积　　　　D. 额定热负荷

30. 恒温式燃气热水器的关键部件是_____。
    A. 比例调节阀　　　　B. 电磁阀　　　　C. 水膜阀　　　　D. 过热继电器

31. GB 6932—2015 不适用于_____。
    A. 强排式燃气热水器　　　　　　　　B. 烟道式燃气热水器
    C. 平衡式燃气热水器　　　　　　　　D. 冷凝式燃气热水器
32. _____燃气热水器烟气中一氧化碳含量应≤0.10%。
    A. 平衡式　　　B. 烟道式　　　C. 强排式　　　D. 直排式
33. 风压开关也称烟道堵塞安全装置和_____装置。
    A. 防泄漏安全　　B. 泄压安全　　C. 防冻安全　　D. 风压过大安全
34. 燃气的燃烧速度与_____无关。
    A. 混合速度　　B. 混合气体压力　　C. 燃烧室大小　　D. 燃气组分
35. 下面防止离焰和脱火方法错误的是_____。
    A. 利用火焰稳定器，使气流产生旋转或降低速度，达到新的动力平衡
    B. 利用冷却装置对火焰根部进行冷却
    C. 利用辅助火焰对火焰根部进行加热
    D. 利用火焰加热火道、网格或其他耐火材料，从而获得高温表面
36. 安装限流环和挡板是为了_____。
    A. 增大风机抽力　　　　　　　　B. 增加一次空气量
    C. 增大二次空气流速　　　　　　D. 减少一次空气量
37. 风压开关故障的特点是：_____。
    A. 热水器风机启动，火点着后电脉冲点火不停止
    B. 热水器风机启动，无电脉冲点火
    C. 热水器风机不启动，无电脉冲点火
    D. 热水器风机启动，但电脉冲点火很弱
38. _____不属于微动开关故障。
    A. 有电脉冲点火但火站不住　　　B. 风机不启动
    C. 微动开关拨叉未翘起　　　　　D. 微动开关连接导线断路
39. 压差式水气联动装置的关键部件是_____。
    A. 过水管　　　B. 缓燃器　　　C. 文丘里管　　　D. 调温阀
40. _____属于水气联动装置。
    A. 风压开关　　B. 文丘里管　　C. 水磁浮子　　D. 水流量传感器
41. 球阀的阀座与球体的密封是依靠弹簧和_____实现的。
    A. 流体压力　　B. 流体速度　　C. 流体体积　　D. 流体温度
42. 水膜阀的皮膜、顶盘、_____向左移动主要靠右腔与左腔的压力差，压差越大向

左移动的距离越大。

  A．调节阀   B．回位弹簧   C．文丘里管   D．顶轴

43．燃气具安装标准的强制性条文即燃气具安装标准要点和_____。

  A．设计要求   B．使用要求   C．质量要求   D．测量要求

44．室内中低压燃气管道应采用_____，中压管宜采用焊接或法兰连接。

  A．镀锌管   B．铜管   C．铸铁管   D．塑料管

45．_____不符合燃具安装要求。

  A．安装燃具的地面、墙壁应能承受荷重

  B．燃具可安装在有易燃物堆存的地方

  C．直排式和半密闭式燃具不应安装在有腐蚀性气体和灰尘多的地方

  D．燃具不应装在对其他设备或电气设备有影响的地方

46．_____不属于燃气具质量标准。

  A．《家用燃气灶具》（GB 16410—2007）

  B．《家用燃气快速热水器》（GB 6932—2015）

  C．《燃气采暖热水炉》（GB 25034—2010）

  D．《燃气采暖热水炉应用技术规程》（CECS215：2006）

47．《燃气燃烧器具安全技术条件》（GB 16914—2012）规定了燃具投放市场和自由流通、合格评定和_____方面的安全技术要求。

  A．设计要求   B．基本要求   C．安装要求   D．使用要求

48．《环境标志产品技术要求　燃气灶具》（HJ/T 311—2006）适用于城市燃气的燃气灶具产品，包括_____。

  A．单个燃烧器标准额定热流量小于 5.23 kW（4 500 kcal/h）的灶

  B．标准额定热流量大于 5.82 kW（5 000 kcal/h）的烤箱和烘烤器

  C．每次焖饭的最大稻米量在 8 L 以下，标准额定热流量小于 4.19 kW（3 600 kcal/h）的燃气饭锅

  D．单个燃烧器标准额定热流量大于 5.23 kW（4 500 kcal/h）的烤箱灶

49．燃气燃烧器具生产单位、销售单位应当设立或者委托设立售后服务站点，配备经考核合格的燃气燃烧器具安装、_____人员，负责售后的安装、维修服务。

  A．维修   B．设计   C．制造   D．试验

50．燃气燃烧器具安装企业应当在_____安装燃气燃烧器具，未经燃气供应企业同意，不得移动燃气计量表及表前设施。

  A．家用燃气计量表前   B．家用燃气计量表后

C. 入户总阀门后 D. 燃气系统任意处

51. _____不属于燃气燃烧器具生产单位、销售单位的违法情况。

   A. 未设立售后服务点或者未配备经考核合格的燃气燃烧器具安装、维修人员
   B. 安装、使用不符合气源要求的燃气燃烧器具
   C. 燃气燃烧器具的安装、维修符合国家有关标准
   D. 擅自安装、改装、拆除户内燃气设施和燃气计量装置

52. GB 17905—2008 中明确规定,燃气具的安装、改装必须由经过专门培训,并获得_____部门资质审查合格的单位和个人进行。

   A. 工商管理 B. 行政管理 C. 税务管理 D. 燃气主管

53. 燃具的安装、维修、_____人员一律携带有效证件上岗并保证安装、改装质量。

   A. 试验 B. 设计 C. 监督 D. 验收

54. 在施工前,应组织施工安装人员进行技术交底和_____。

   A. 人员交底 B. 费用交底 C. 安全交底 D. 日期交底

55. 燃气具产品标准既是生产商制造产品的质量标准,又是维修人员_____产品的质量标准。

   A. 维修 B. 安装 C. 调试 D. 操作

56. 用0-1气点燃燃烧器,从燃气入口到_____无燃气泄漏现象(开阀检验)。

   A. 燃烧器火孔 B. 燃烧器喷嘴 C. 燃烧器引射器 D. 燃烧器配气管

二、多项选择题(下列各题的多个选项中,至少有2个是正确的,请将正确答案的代号填在横线空白处,多选、少选、错选均不得分,每题1分,共计24分)

1. 安装在橱柜中的燃气表,保证自然通风是为了燃气表_____。

   A. 燃烧充分 B. 便于查表
   C. 便于安装 D. 安全用气
   E. 防潮

2. 根据施工图和燃气管道安装规则的要求,把_____的准确位置标记在建筑物上。

   A. 燃气设备 B. 电气设备
   C. 电源开关 D. 管道
   E. 管件

3. 下面说法中正确的是_____。

   A. 构造长度是指管道系统中两相邻零件中心线间的距离
   B. 下料长度等于构造长度
   C. 安装长度等于构造长度

D. 下料长度大于构造长度

E. 构造长度是指管道系统中零件与设备中心线间的距离

4. 室内燃气管道压力试验介质严禁使用_____。

　　A. 空气　　　　　　　　　　　B. 燃气

　　C. 氧气　　　　　　　　　　　D. 水

　　E. 惰性气体

5. 室内燃气管道压力试验包括_____。

　　A. 强度试验　　　　　　　　　B. 水压试验

　　C. 爆破试验　　　　　　　　　D. 冲击试验

　　E. 严密性试验

6. 室内燃气管道严密性试验范围应为_____的管道。

　　A. 引入管阀门至燃具前阀门之间

　　B. 引入管阀门之前

　　C. 引入管阀门至燃气表前阀门之间

　　D. 燃气表后阀门至燃具前阀门之间

　　E. 通气之前燃具前阀门至燃具之间

7. 燃气灶具市场的发展方向是高效节能、环保、安全、_____。

　　A. 智能化　　　　　　　　　　B. 功能化

　　C. 人性化　　　　　　　　　　D. 大型化

　　E. 电气化

8. 燃气灶具安全装置包括_____装置。

　　A. 熄火保护　　　　　　　　　B. 饭锅温控

　　C. 防止黄焰　　　　　　　　　D. 油温过热控制

　　E. 防止漏气

9. 电脉冲点火总成_____接触不良，会造成电脉冲点火装置点火失败。

　　A. 微动开关　　　　　　　　　B. 风压开关

　　C. 水压开关　　　　　　　　　D. 电磁开关

　　E. 接地线

10. _____锈蚀或有污物，将导致燃气灶熄火保护装置失效。

　　A. 衔铁表面　　　　　　　　　B. 电磁阀电磁铁表面

　　C. 连接部位表面　　　　　　　D. 电磁阀体表面

　　E. 密封垫表面

11. 离子感应式熄火保护装置的失效原因包括_____。

　　A. 检火回路地线松动或脱落

　　B. 检火针与燃烧器接触

　　C. 检火线脱落或检火线与检火针连接处有油污

　　D. 热电偶与电磁阀连接处松动或连接不牢固

　　E. 检火针位置不正确

12. 使燃气燃烧器具与_____相适应，是保证燃气燃烧器具正常使用，降低燃气安全事故的重要举措。

　　A. 气质成分　　　　　　　　　　B. 燃气热值

　　C. 燃气密度　　　　　　　　　　D. 燃气温度

　　E. 气源种类

13. 容积式燃气热水器主要由内胆、外壳、保温层、_____等部件组成。

　　A. 肋片管换热器　　　　　　　　B. 冷凝水分离器

　　C. 水气联动装置　　　　　　　　D. 自控安全装置

　　E. 燃烧器

14. 火孔的燃烧能力通常用_____来表示。

　　A. 火孔面积　　　　　　　　　　B. 火孔热强度

　　C. 单位时间火孔放出的热量　　　D. 火焰高度

　　E. 燃气—空气混合物离开火孔的速度

15. 燃气比例阀具有_____的功能。

　　A. 自动调节燃气量　　　　　　　B. 防止干烧

　　C. 稳定燃气输出压力　　　　　　D. 缓点火防止爆燃

　　E. 防止过热

16. _____易产生回火。

　　A. 单火孔面积小　　　　　　　　B. 单火孔面积大

　　C. 喷嘴孔径大　　　　　　　　　D. 一次空气量大

　　E. 一次空气量小

17. 燃气完全燃烧生成的烟气不包括_____。

　　A. 二氧化碳　　　　　　　　　　B. 一氧化碳

　　C. 二氧化硫　　　　　　　　　　D. 氮氧化物

　　E. 氢气

18. 热水器借管安装的优点是_____。

A. 便于维修 B. 节省管材
C. 操作简单 D. 安装简单
E. 更换方便

19. _____属于燃气具安装标准。

A. 《城镇燃气设计规范》
B. 《城镇燃气室内工程施工与质量验收规范》
C. 《燃气采暖热水炉应用技术规程》
D. 《家用燃气灶具》
E. 《家用燃气燃烧器具安装及验收规程》

20. 用户引入管不得敷设在_____等地方。

A. 卧室 B. 厨房
C. 浴室 D. 非居住房间
E. 厕所

21. 《家用燃气燃烧器具安全管理规则》（GB 17905—2008）规定了_____的安全要求。

A. 标准件 B. 水暖配件
C. 燃气燃烧器具配件 D. 燃气燃烧器具
E. 燃气表配件

22. 燃气燃烧器具生产单位、销售单位应当设立或者委托设立售后服务站点，配备经考核合格的燃气燃烧器具_____人员，负责售后的安装、维修服务。

A. 维修 B. 设计
C. 制造 D. 试验
E. 安装

23. GB 17905—2008 中明确规定，燃气具的_____，必须由经过专门培训，并获得燃气主管部门资质审查合格的单位和个人进行。

A. 销售 B. 安装
C. 改装 D. 试验
E. 设计

24. 燃具_____的监督管理工作由当地燃气主管部门负责。

A. 施工 B. 验收
C. 安装 D. 使用
E. 设计

三、判断题（下列判断正确的请在括号中打"√"，错误的请在括号中打"×"，每题1分，共20分）

1. 施工前应熟悉施工图样和有关技术资料，了解燃气管道的安装工艺和使用要求，弄清设计意图，从而明确安装的质量标准和操作规程等要求。（　　）
2. 构造长度是指管道系统中两相邻零件或零件与设备端面间的距离。（　　）
3. 室内燃气管道安装图是管段下料的依据，该图反映管段的数量、形状和长度。（　　）
4. 强度试验压力应为设计压力的1.5倍且不得低于0.5 MPa。（　　）
5. 低压燃气管道严密性试验的压力计量装置应采用弹簧管式压力表。（　　）
6. 燃气灶具市场的发展方向是高效节能、环保、安全、功能化和智能化。（　　）
7. DZT1000—A表示人工燃气炊用大锅灶，锅的公称直径为1 000 mm，第一次改型。（　　）
8. 油温过热控制装置：油的最高温度≥300℃。（　　）
9. 燃气灶具的气源转换除喷嘴、燃烧器需更换外，一般情况下灶具控制盒也需更换。（　　）
10. 点燃主燃烧器，数分钟后人为强行将火熄火，记下从熄火到熄火保护装置关闭的时间，熄火保护装置应在15 s内关闭。（　　）
11. 烟道式容积热水器燃烧用空气取自室内，产生的烟气靠自然抽力排至室外。（　　）
12. 火孔能稳定和完全燃烧的燃气量称为火孔的燃烧能力。通常用火孔热强度或燃气—空气混合物离开火孔的速度来表示火孔的燃烧能力。（　　）
13. 火孔直径越小，火孔壁向周围的散热越少，回火的可能性越大。（　　）
14. 热水器燃烧器火孔堵塞，火孔面积减小，混合气喷出速度降低。（　　）
15. 压差式水气联动装置是利用了水膜阀中薄膜两侧水的压力差的原理。（　　）
16. 《家用燃气燃烧器具安装及验收规程》（CJJ12—2013）适用于居民住宅中使用的热水器，单、双眼灶，烤箱，采暖器等燃具的安装和验收。（　　）
17. 室外用燃具既可安装在室外，也可安装在室内。（　　）
18. 《燃气燃烧器具安全技术条件》（GB 16914—2012）是主要针对燃气燃烧器具安全制定的原则性和通用性安全技术规定。（　　）
19. 燃气燃烧器具的安装、维修应当符合国家有关标准。（　　）
20. 灶具的气密性试验与灶具耐用性试验后的气密性试验技术要求是不相同的。（　　）

高级燃气具安装维修工理论知识考试模拟试卷
参考答案及说明

一、单项选择题

1. D。在橱柜中安装的燃气表应便于抄表及维修,自然通风避免燃气表产生少量漏气造成不必要的事故,也有利于表的防潮。

2. C。施工前熟悉施工图样和有关技术资料,主要是为了了解燃气管道的安装工艺和使用要求。

3. D。构造长度是指管道系统中两相邻零件或零件与设备中心间的距离。管件与墙壁之间的距离不是构造长度。

4. A。构造长度是指管道系统中两相邻零件或零件与设备中心间的距离。

5. C。室内燃气管道安装图是管段下料的依据,该图反映管段的数量、形状和长度。

6. B。安装图一般绘制成系统图(轴测图)的形式。

7. B。管段中管子、管件、阀门、仪器元件等的在轴线方向上的有效长度称为安装长度。

8. A。室内燃气管道压力试验介质宜为空气,严禁用水。

9. D。根据CJJ 94—2009 8.1的规定,试验范围内的管道,除涂漆和保温层外,已按施工图全部完成。

10. A。室内燃气管道严密性试验范围应为引入管阀门至燃具前阀门之间的管道。

11. C。低压燃气管道严密性试验的压力计量装置应采用U形压力计。

12. B。燃气管道严密性试验介质采用空气或惰性气体,严禁采用氧气。

13. B。燃气系统压力试验记录表中的主要内容有设计参数、强度试验、严密性试验等。

14. A。燃气系统压力试验记录签字单位有建设单位、施工单位等,管道供应商不是签字单位。

15. D。嵌入式灶具有色彩丰富、款式多样、易于清洁等特点,但其热效率偏低。

16. D。家用燃气灶按燃气类别分包括天然气灶具、液化石油气灶具和人工燃气灶具。

17. B。熄火保护装置在燃气压力高时，不能关闭燃烧器的燃气通路。

18. C。燃气灶具安全装置包括熄火保护、饭锅温控、油温过热控制装置等，不包括防止黄焰保护装置。

19. A。如果两种燃气具有相同的华白数，则在互换时就能保持相同的热负荷和一次空气系数。

20. B。目前，民用燃具常使用压电陶瓷点火装置和电脉冲点火装置。

21. C。压电陶瓷点火装置不使用电池，所以电池电量不足不是压电陶瓷点火装置失效的原因。

22. C。常见熄火保护装置主要有双金属片式、热电式、离子感应式等。

23. A。电磁阀电磁铁表面或衔铁表面锈蚀或有污物，将导致燃气灶熄火保护装置失效。

24. D。离子感应式熄火保护装置中没有热电偶与电磁阀，因此，热电偶与电磁阀连接处松动或连接不牢固不是离子感应式熄火保护装置失效的原因。

25. C。燃气灶自动控制装置检修时，一般用目测、仪器测和试验等方法进行检查、分析和判断。

26. A。使燃气燃烧器具与气源种类、气质成分相适应，是保证燃气燃烧器具正常使用，降低燃气安全事故的重要举措。

27. A。家用燃气灶维修后功能核查的主要内容有熄火保护功能核查、低压启动功能核查等。

28. B。熄火保护功能核查主要包括热电式熄火保护功能核查、离子感应式熄火保护功能核查等。

29. C。容积式燃气热水器型号中包括代号、燃气种类、给排气方式、额定容积等，不包括安装方式、燃气压力、额定热负荷。

30. A。恒温式燃气热水器的关键部件是比例调节阀。

31. D。GB 6932—2015 适用于热负荷不大于 70 kW 的家用燃气快速热水器，不适用于容积式燃气热水器和冷凝式燃气热水器。

32. A。平衡式燃气热水器烟气中一氧化碳含量应≤0.10%。

33. D。风压开关也称烟道堵塞安全装置和风压过大安全装置。

34. C。燃气的燃烧速度与燃烧室大小无关。

35. B。防止离焰和脱火方法错误的是利用冷却装置对火焰根部进行冷却。

36. D。安装限流环和挡板是为了减少一次空气量。

37. B。风压开关故障的特点是热水器风机启动，无电脉冲点火。

38．A。有电脉冲点火但火站不住不属于微动开关故障。

39．C。压差式水气联动装置的关键部件是文丘里管。

40．D。水流量传感器属于水气联动装置。

41．A。球阀的阀座与球体的密封是依靠弹簧和流体压力实现的。

42．D。水膜阀的皮膜、顶盘、顶轴向左移动主要靠右腔与左腔的压力差，压差越大向左移动的距离越大。

43．C。燃气具安装标准的强制性条文即燃气具安装标准要点和质量要求。

44．A。室内中低压燃气管道应采用镀锌管，中压管宜采用焊接或法兰连接。

45．B。把燃具安装在有易燃物堆存的地方，不符合燃具安装要求。

46．D。《燃气采暖热水炉应用技术规程》（CECS215：2006）不属于燃气具质量标准。

47．B。《燃气燃烧器具安全技术条件》（GB 16914—2012）规定了燃具投放市场和自由流通、合格评定和基本要求方面的安全技术要求。

48．A。《环境标志产品技术要求 燃气灶具》（HJ/T 311—2006）适用于城市燃气的燃气灶具产品，包括单个燃烧器标准额定热流量小于5.23 kW（4 500 kcal/h）的灶。

49．A。燃气燃烧器具生产单位、销售单位应当设立或者委托设立售后服务站点，配备经考核合格的燃气燃烧器具安装、维修人员，负责售后的安装、维修服务。

50．B。燃气燃烧器具安装企业应当在家用燃气计量表后安装燃气燃烧器具，未经燃气供应企业同意，不得移动燃气计量表及表前设施。

51．C。燃气燃烧器具的安装、维修符合国家有关标准的不属于燃气燃烧器具生产单位、销售单位的违法情况。

52．D。GB 17905—2008中明确规定，燃气具的安装、改装必须由经过专门培训，并获得燃气主管部门资质审查合格的单位和个人进行。

53．C。燃具的安装、维修、监督人员一律携带有效证件上岗并保证安装、改装质量。

54．C。在施工前，应组织施工安装人员进行技术交底和安全交底。

55．A。燃气具产品标准既是生产商制造产品的质量标准，又是维修人员维修产品的质量标准。

56．A。用0-1气点燃燃烧器，从燃气入口到燃烧器火孔无燃气泄漏现象（开阀检验）。

二、多项选择题

1．DE。在橱柜中安装的燃气表应便于抄表及维修，自然通风避免燃气表产生少量漏气造成不必要的事故，也有利于表的防潮。

2．ADE。根据施工图和燃气管道安装规则的要求，把管道、管件和设备的准确位置标记在建筑物上。

3. AE。构造长度是指管道系统中两相邻零件或零件与设备中心线间的距离。

4. BCD。室内燃气管道的压力试验介质宜为空气，严禁使用水。

5. AE。室内燃气管道压力试验包括强度试验和严密性试验。

6. AE。室内燃气管道严密性试验范围应为引入管阀门至燃具前阀门之间的管道。通气之前还应对燃具前阀门至燃具之间的管道进行检查。

7. AB。燃气灶具市场的发展方向是高效节能、环保、安全、功能化和智能化。

8. ABD。燃气灶具安全装置包括熄火保护、饭锅温控、油温过热控制装置等。

9. AE。电脉冲点火总成微动开关或接地线接触不良，会造成电脉冲点火装置点火失败。

10. AB。衔铁表面、电磁阀电磁铁表面锈蚀或有污物，将导致燃气灶熄火保护装置失效。

11. ABCE。离子感应式熄火保护装置的失效原因包括：检火回路地线松动或脱落、检火针与燃烧器接触、检火线脱落或检火线与检火针连接处有油污、检火针位置不正确。

12. AE。使燃气燃烧器具与气源种类、气质成分相适应，是保证燃气燃烧器具正常使用、降低燃气安全事故的重要举措。

13. BE。容积式燃气热水器主要由内胆、外壳、保温层、冷凝水分离器和燃烧器等部件组成。

14. BE。火孔的燃烧能力通常用火孔热强度或燃气—空气混合物离开火孔的速度来表示。

15. ACD。燃气比例阀具有自动调节燃气量、稳定燃气输出压力、缓点火防止爆燃的功能。

16. BD。单火孔面积大、一次空气量大易产生回火。

17. BE。燃气完全燃烧生成的烟气不包括一氧化碳、氢气。

18. BD。热水器借管安装的优点是节省管材、安装简单。

19. ABCE。《城镇燃气设计规范》《城镇燃气室内工程施工与质量验收规范》《燃气采暖热水炉应用技术规程》《家用燃气燃烧器具安装及验收规程》属于燃气具安装标准。

20. ACE。用户引入管不得敷设在卧室、浴室、厕所等地方。

21. CD。《家用燃气燃烧器具安全管理规则》（GB 17905—2008）规定了燃气燃烧器具和燃气燃烧器具配件的安全要求。

22. AE。燃气燃烧器具生产单位、销售单位应当设立或者委托设立售后服务站点，配备经考核合格的燃气燃烧器具安装和维修人员，负责售后的安装、维修服务。

23. BC。GB 17905—2008 中明确规定，燃气具的安装和改装，必须由经过专门培训，并获得燃气主管部门资质审查合格的单位和个人进行。

24. CD。燃具安装、使用的监督管理工作由当地燃气主管部门负责。

三、判断题

1. √。施工前应熟悉施工图样和有关技术资料，了解燃气管道的安装工艺和使用要求，弄清设计意图，从而明确安装的质量标准和操作规程等要求。

2. ×。构造长度是指管道系统中两相邻零件或零件与设备中心间的距离。

3. √。室内燃气管道安装图是管段下料的依据，该图反映管段的数量、形状和长度。

4. ×。强度试验压力应为设计压力的 1.5 倍且不得低于 0.1 MPa。

5. ×。低压燃气管道严密性试验的压力计量装置应采用 U 形压力计。

6. √。燃气灶具市场的发展方向是高效节能、环保、安全、功能化和智能化。

7. ×。DZT1000—A 表示天然气炊用大锅灶，锅的公称直径为 1 000 mm，第一次改型。

8. ×。油温过热控制装置：油的最高温度≤300 ℃。

9. √。燃气灶具的气源转换时，除需更换喷嘴、燃烧器外，一般情况下灶具控制盒也需更换。

10. ×。点燃主燃烧器，数分钟后人为强行将火熄灭，记下从熄火到熄火保护装置关闭的时间，熄火保护装置应在 1 min 内关闭。

11. √。烟道式容积热水器，燃烧用空气取自室内，产生的烟气靠自然抽力排至室外。

12. √。火孔能稳定和完全燃烧的燃气量称为火孔的燃烧能力。通常用火孔热强度或燃气—空气混合物离开火孔的速度来表示火孔的燃烧能力。

13. ×。火孔直径越小，火孔壁向周围的散热越大，回火的可能性越小。

14. ×。热水器燃烧器火孔堵塞，火孔面积减小，混合气喷出速度增加。

15. √。压差式水气联动装置利用了水膜阀中薄膜两侧水的压力差的原理。

16. √。《家用燃气燃烧器具安装及验收规程》（CJJ 12—2013）适用于居民住宅中使用的热水器，单、双眼灶，烤箱，采暖器等燃具的安装和验收。

17. ×。室外用燃具一般只能安装在室外，不能安装在室内。

18. √。《燃气燃烧器具安全技术条件》（GB 16914—2012）是主要针对燃气燃烧器具安全制定的原则性和通用性安全技术规定。

19. √。燃气燃烧器具的安装、维修应当符合国家有关标准。

20. ×。灶具的气密性试验与灶具耐用性试验后的气密性试验技术要求是相同的。

高级燃气具安装维修工操作技能考核模拟试卷

职业技能鉴定国家题库统一试卷

高级燃气具安装维修工操作技能考核试卷

考生姓名_____准考证号_____工作单位_____

【题目1】 按图计算各管段下料长度

1. 考核要求

（1）熟悉管段安装长度、管段下料长度的概念及管段下料长度的计算公式。

（2）了解管件留量的含义及管件的查表确定方法。

（3）正确计算和确定管段的下料长度。

2. 准备工作

（1）管道安装图、管件留量尺寸表等。

（2）计算器、纸、笔等。

3. 考核时间

标准时间为 15 min，每超过 1.5 min 从本题总分中扣除 2 分，操作过程超过 7.5 min 本题为零分。

4. 考核内容及配分

（1）安装、下料长度的概念及下料长度计算公式（配分：5）

1) 安装长度。

2) 下料长度。

3) 下料长度计算公式。

（2）熟悉图样、构造长度及尺寸规格（配分：5）

（3）确定管件留量（配分：5）

（4）计算下料长度，填写计算结果（配分：5）

附：矩形管闭合框装配图

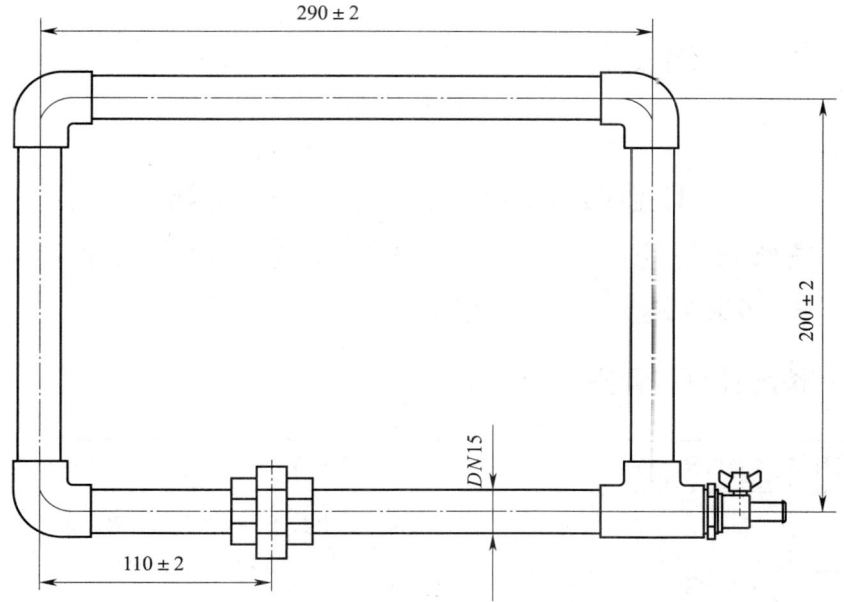

职业技能鉴定国家题库统一试卷
高级燃气具安装维修工操作技能考核评分记录表

考生姓名_____ 准考证号_____ 工作单位_____

题目1　按图计算各管段下料长度

序号	考核项目	考核内容	配分	评分标准	记录	扣分	得分
1	安装、下料长度的概念及下料长度计算公式	安装长度	5	管路中的管子、管件、阀门、仪器元件等的有效长度，称为安装长度。管段中管子在轴线方向上的有效长度，称为管段安装长度。 口述不能正确回答的，酌情扣分			
		下料长度		两管件（或阀门）中心线之间的长度称为构造长度，管段中两管件或与设备口间装配的管子的实际长度称为下料长度。 口述不能正确回答的，酌情扣分			
		下料长度计算公式		$L_下 = L_构 - 2a$ 式中　$L_下$——管段的下料长度； 　　　$L_构$——管段的构造长度； 　　　a——管件留量，由管子螺纹的拧入长度和管件长度所决定。 口述不能正确回答的，酌情扣分			
2	查找相关尺寸	构造长度及尺寸规格等	5	按图找出各管段的构造长度、管径、与管段相连接的管件的尺寸规格，并列表记录。不能正确完全查找构造长度、尺寸规格的酌情扣分，扣完为止			
3	确定管件留量	查表、填写记录表	5	根据记录表上所统计的管件的规格、尺寸、材质等查管件留量尺寸表，将查出的管件留量填写在记录表中。不能正确查找确定管件留量的酌情扣分，扣完为止			

续表

序号	考核项目	考核内容	配分	评分标准	记录	扣分	得分
4	计算下料长度	代入数据，正确计算	5	在计算前，要核对数据是否完整，然后将数据代入公式中，按动计算器计算，将计算好的下料长度按管段编号填写到相应栏目中。不能正确将桩关数据代入公式或计算结果不正确的扣 5 分			
	合计		20				

评分人：　　　年　月　日　　　核分人：　　　年　月　日

职业技能鉴定国家题库统一试卷

高级燃气具安装维修工操作技能考核试卷

考生姓名＿＿＿＿＿＿准考证号＿＿＿＿＿＿工作单位＿＿＿＿＿＿

【题目2】室内小型燃气管道系统强度试验

1. 考核要求

（1）掌握 CJJ 94—2009 8.2 强度试验相关规定。

（2）能够按规范要求对室内燃气管道进行强度试验。

2. 准备工作

（1）试验方案已编制。

（2）螺纹连接、法兰连接部位及其他待检部位尚未作涂漆和隔热层。

（3）小型空气压缩机、肥皂水、毛刷、弹簧管压力表（量程为被测最大压力的 1.5～2 倍，精度 0.4 级）。

（4）模拟小型低压燃气管道系统。

3. 考核时间

标准时间为 30 min，每超过 3 min 从本题总分中扣除 2 分，操作过程超过 15 min 本题为零分。

4. 考核内容及配分

（1）CJJ 94—2009 8.2 相关规定（配分：5）

1）试验前准备工作。

2）强度试验压力选择。

3）低压燃气管道系统强度试验规定。

（2）外观检查，管道加固（配分：5）

1）室内燃气管道与其他各类管道的最小平行、交叉净距（结合尺量）。

2）燃气管道螺纹连接根部管螺纹外露 1～3 扣，镀锌钢管和管件的镀锌层和螺纹露出部分防腐良好，接口处无外露密封材料。

3）铜管钎焊的钎缝表面应光滑，不得有气孔、未熔合、较大焊瘤及钎焊边缘被熔融等缺陷。

4）管道支架安装平正牢固，排列整齐，支架与管道接触紧密。

5）对管道进一步加固，对不参与和参与的管道进行隔断。

（3）强度试验（配分：10）

1）正确掌握灶具燃烧工况的调试方法。

2）确认燃烧工况良好。

（4）刷肥皂水检漏（配分：5）

（5）安全文明施工（配分：5）

职业技能鉴定国家题库统一试卷
高级燃气具安装维修工操作技能考核评分记录表

考生姓名_____ 准考证号_____ 工作单位_____

题目2 室内小型燃气管道系统强度试验

序号	考核项目	考核内容	配分	评分标准	记录	扣分	得分
1	熟悉相关规定	CJJ 94—2009 8.2	5	8.2.2 待进行强度试验的燃气管道系统与不参与试验的系统、设备、仪表等应隔断，并应有明显的标志或记录，强度试验前安全泄放装置应已拆下或隔断。 8.2.3 进行强度试验前，管内应吹扫干净，吹扫介质宜采用空气或氮气，不得使用可燃气体。 8.2.4 强度试验压力应为设计压力的1.5倍且不得低于0.1 MPa。 1. 设计压力小于10 kPa时，试验压力为0.1 MPa； 2. 设计压力大于或等于10 kPa时，试验压力为设计压力的1.5倍，且不得小于0.1 MPa。 8.2.5 强度试验应符合下列规定： 在低压燃气管道系统达到试验压力时，稳压不少于0.5 h后，应用发泡剂检查所有接头，无渗漏、压力计量装置无压力降为合格。 口述回答低压燃气管道强度试验规范不正确的酌情扣分，扣完为止			
2	外观检查管道加固	外观	5	外观检查包括：室内燃气管道与其他各类管道的最小平行、交叉净距（结合尺量）；燃气管道螺纹连接根部管螺纹外露1~3扣，镀锌钢管和管件的镀锌层和螺纹露出部分防腐良好，接口处无外露密封材料；铜管钎焊的钎缝表面应光滑，不得有气孔、未熔合、较大焊瘤及钎焊边缘被熔融等缺陷；管道支架安装平正牢固，排列整齐，支架与管道接触紧密			

续表

序号	考核项目	考核内容	配分	评分标准	记录	扣分	得分
2	外观检查管道加固	外观		对管道进一步加固，对不参与和参与的管道进行隔断 检查项目不全或未进行加固的酌情扣分，扣完为止			
3	强度试验	强度试验操作步骤	10	强度试验在连接燃气表和燃具前进行： 1. 连接空压机、管路、仪表等 2. 启动空压机，向参与试验的燃气管道内充气 3. 打开进气阀门，让试验压力均匀缓慢上升 4. 一边充压，一边对管道进行观察，当达到试验压力后，稳压 0.5 h，然后检漏（考试时，稳压时间可适当缩短） 未按要求试验或操作不规范的酌情扣分，扣完为止			
4	刷肥皂水检漏	找出漏气点	5	1. 用小毛刷蘸肥皂水刷每个接口（包括焊口）所有部位，刷时要仔细，最好一个接口刷 2 次或 3 次，对有缝钢管的管身焊缝也要检查 2. 有漏气点时，会把肥皂水吹起气泡来，观察有无气泡出现 3. 当发现有漏气点时，要及时画出漏气点的准确位置，并做记号 4. 放空管内压缩空气 不能正确检漏或者找不出漏气点的酌情扣分，扣完为止			
5	安全文明施工	安全规范文明操作	5	1. 工具、零部件摆放不规范一次扣 1 分 2. 工具使用不正确一次扣 1 分 3. 操作过程中零部件或工具落地一次扣 1 分 4. 违章操作一次扣 2 分 5. 未按要求穿戴劳动防护用品，扣 2 分 6. 配分扣完为止			
	合计		30				

评分人：　　　年　月　日　　　　　　核分人：　　　年　月　日

职业技能鉴定国家题库统一试卷

高级燃气具安装维修工操作技能考核试卷

考生姓名_____ 准考证号_____ 工作单位_____

【题目3】 燃气灶热电式熄火保护装置故障的检修

1. 考核要求

(1) 熟悉燃气灶熄火保护装置的失效原因。

(2) 掌握燃气灶具熄火保护装置检修的主要内容。

(3) 能够熟练诊断和排除热电式熄火保护装置的故障。

(4) 安全文明生产。

2. 准备工作

(1) 万用表、活扳手、绝缘钢丝钳、尖嘴钳、旋具等。

(2) 肥皂水、毛刷。

(3) 热电偶、电磁阀等。

3. 考核时间

标准时间为 15 min,每超过 1.5 min 从本题总分中扣除 2 分,操作过程超过 7.5 min 本题为零分。

4. 考核内容及配分

(1) 熟悉和掌握（配分：5）

1) 燃气灶熄火保护装置的失效原因。

2) 燃气灶熄火保护装置检修主要内容。

(2) 诊断和排除故障（配分：10）

1) 分析判断故障是否存在。

2) 拆卸热电偶或电磁阀。

3) 用万用表检测热电偶和电磁阀。

4) 组装热电偶和电磁阀组件。

(3) 试漏，确认故障排除。（配分：5）

1）燃气试漏。

2）安装试火。

3）自检。

（4）安全文明施工。（配分：3）

职业技能鉴定国家题库统一试卷
高级燃气具安装维修工操作技能考核评分记录表

考生姓名_____ 准考证号_____ 工作单位_____

题目3 燃气灶热电式熄火保护装置故障的检修

序号	考核项目	考核内容	配分	评分标准	记录	扣分	得分
1	熟悉和掌握	熄火保护装置的失效原因及检修主要内容	5	1. 燃气灶热电偶式熄火保护装置的失效原因 (1) 热电偶金属焊点（热点）针状腐蚀断开 (2) 电磁阀回路线圈焊点腐蚀断开 (3) 电磁阀电磁铁表面或衔铁表面锈蚀或有污物 (4) 热电偶与电磁阀连接处松动或连接不牢固 (5) 热电偶安装位置不正确，其端部未被火焰包围 (6) 按压旋钮力不够或时间不够 (7) 热电偶端部积炭 2. 燃气灶熄火保护装置检修的主要内容 (1) 检查火焰感知元件或电磁阀是否损坏 (2) 检查各连接点是否连接可靠 (3) 检查热电偶的感热部位是否积炭或检火针是否接触燃烧器 (4) 检查连接线的绝缘层是否损坏或与机件短路 (5) 检查热电偶或检火针与火焰的相对位置是否发生变化 (6) 检查检火地线是否脱落或松动 (7) 检查电磁阀电磁铁、衔铁的吸合面是否有杂质、灰尘或发生锈蚀 (8) 检查控制盒是否有故障，电源是否接通，电池是否有电等 口述或笔答，对燃气灶热电偶式熄火保护装置的失效原因及检修内容不熟悉的酌情扣分，扣完为止			

续表

序号	考核项目	考核内容	配分	评分标准	记录	扣分	得分
2	诊断和排除故障	分析判断、拆卸、检测、安装	10	1. 打开表前阀和灶前阀，使阀的开度为最大，手按旋钮并旋转，进行点火操作 2. 火点着后，按住旋钮15 s以上松开，若火不灭，可能是操作方法不正确，若火熄灭，确认故障存在。不能正确分析判断故障原因或不能确认故障，扣3分 3. 排除热电偶与电磁阀连接处松动或断开，热电偶安装位置不正确等因素，关闭气源，取下锅支架、火盖、炉头护圈等，卸下灶面板，用旋具从燃气阀上卸下热电偶和电磁阀组件 4. 用扳手将热电偶从热电偶和电磁阀组件上拆卸下来，将万用表的转换开关置于电阻挡的适当量程，用万用表的红、黑表笔分别触及热电偶的两极或电磁阀的内心和外壳，查看阻值若为0 Ω（或稍大），该件未损坏；若阻值非常大，确认该件已损坏，需进行更换 5. 组装热电偶和电磁阀组件，按拆卸热电偶和电磁阀组件相反的步骤安装热电偶和电磁阀组件 操作不规范或不能确定故障件的酌情扣分，扣完为止			
3	试漏确认故障排除	燃气试漏、安装试火、自检	5	1. 热电偶和电磁阀组件安装好后，打开燃气阀门，手按旋钮不旋转，用刷肥皂水的方法对电磁阀安装部位及其他燃气通道连接部位试漏，观察有无气泡出现 2. 安装灶面板、护圈、火盖和锅支架，按旋钮并旋转，开启燃气灶，点火后松手，火不灭，确认故障排除 3. 自检 未试漏或自检的酌情扣分，扣完为止			
4	安全文明施工	安全文明操作，环境整洁，无安全事故	3	1. 工具、零部件摆放不规范一次扣1分 2. 工具使用不正确一次扣1分 3. 操作过程中零部件或工具落地一次扣1分 4. 违章操作一次扣2分 5. 未按要求穿戴劳动防护用品，扣2分 6. 配分扣完为止			
	合计		23				

评分人：　　　　　　　年　月　日　　　　　　　　　　考分人：　　　　　　　　　　　　　　年　月　日

职业技能鉴定国家题库统一试卷

高级燃气具安装维修工操作技能考核试卷

考生姓名_____准考证号_____工作单位_____

【题目4】压差式燃气热水器水气联动装置失灵造成的主火不着故障的诊断与排除

1. 考核要求

（1）熟悉水气联动装置失灵的主要原因。

（2）能够对水气联动装置（水膜阀）失灵造成的主火不着故障进行诊断和排除。

（3）安全文明生产。

2. 准备工作

（1）三通顶盘、皮膜、文丘里管、过水管等。

（2）活扳手、旋具、绝缘钢丝钳、呆扳手等。

（3）肥皂水、小毛刷等。

3. 考核时间

标准时间为 20 min，每超过 2 min 从本题总分中扣除 2 分，操作过程超过 10 min 本题为零分。

4. 考核内容及配分

（1）熟悉水气联动装置失灵的主要原因（配分：5）

（2）故障诊断与排除（配分：12）

1）正确判断故障。

2）正确检查故障。

3）正确排除故障。

（3）维修自检（配分：5）

（4）安全文明操作（配分：5）

职业技能鉴定国家题库统一试卷

高级燃气具安装维修工操作技能考核评分记录表

考生姓名_____ 准考证号_____ 工作单位_____

题目 4　压差式燃气热水器水气联动装置失灵造成的主火不着故障的诊断与排除

序号	考核项目	考核内容	配分	评分标准	记录	扣分	得分
1	口述或笔答	水气联动装置失灵的主要原因	5	水气联动装置中的皮膜破损、顶盘变形损坏，文丘里管安装不到位，文丘里管主孔孔径过大，三通顶轴弯曲、锈蚀无法移动等			
2	故障诊断与排除	正确判断故障	2	1. 在水、气压力都正常，进水滤网未堵塞的情况下，打开水源、气源、电源，将调温旋钮设在低温位置，开启热水器，若主火不着，确认故障存在。未做扣1分 2. 正确分析判断，列出最少4条相关故障原因。每少一条或列错一条，扣1分 3. 分析判断故障原因方法不正确或迟缓扣1分			
		正确检查故障	5	1. 检查微动开关：开启热水器，观察三通阀下微动开关座上的杠杆是否动作，若无动作，关闭水源、气源、电源 2. 用呆扳手和旋具拆卸水膜阀组件 用大一字旋具拧一下文丘里管，若松动，将文丘里管拧到位；若文丘里管不松动，拆下文丘里管测量内孔，孔过大时，更换文丘里管 3. 若文丘里管不存在问题，拆下水膜阀组件取出皮膜，查看顶盘是否损坏，皮膜是否破裂，联动杆是否因水垢无法正常工作			

续表

序号	考核项目	考核内容	配分	评分标准	记录	扣分	得分
2	故障诊断与排除	正确检查故障		用排除法查找故障点，方法不正确或未找出故障点的扣2分 未关闭水源、气源、电源的扣2分 未按要求拆卸零部件的扣2分			
		正确排除故障	5	1. 更换损坏的大顶盘或皮膜，给联动杆上润滑油，装水膜阀组件 2. 更换零部件，目的要明确。未按要求更换零部件扣4分 3. 安装零部件，方法正确。多件或少件扣2分，未按要求安装扣4分 4. 因操作失误，引发其他故障并能排除的扣3分 5. 因操作失误，引发其他故障未能排除的扣5分			
3	维修自检	正确完成自检项目	5	1. 打开水源、气源、电源，开启热水器，确认故障已排除。未进行此项操作的扣2分 2. 未进行燃烧工况检查确认的扣2分 3. 未按要求进行漏气检查的扣2分，检漏方法不正确的扣1分 4. 未按要求进行漏水检查的扣2分，检漏方法不正确的扣1分 5. 未按要求进行前后制检查的扣2分			
4	安全文明操作	安全规范文明操作	5	1. 正确使用工具，工具使用方法错误一次扣1分 2. 工具、零部件摆放规范。未按要求一次扣1分 3. 操作过程中，零部件或工具落地一次扣1分 4. 操作中有撬、砸、摔等不文明动作一次扣2分 5. 未按要求穿戴劳动保护用品，扣2分 6. 配分扣完为止			
	合计		27				

评分人：　　　　　　年　月　日　　　　核分人：　　　　　　　　　　年　月　日